U0353806

Adobe Dimension CC 2019
经典教程

〔美〕基思·吉尔伯特（Keith Gilbert）著

杨菁 赵耀 译

人民邮电出版社

北 京

图书在版编目（CIP）数据

Adobe Dimension CC 2019经典教程 / （美）基思·
吉尔伯特（Keith Gilbert）著；杨菁，赵耀译. -- 北
京：人民邮电出版社，2020.5
ISBN 978-7-115-52994-7

Ⅰ. ①A… Ⅱ. ①基… ②杨… ③赵… Ⅲ. ①图形软
件—教材 Ⅳ. ①TP391.412

中国版本图书馆CIP数据核字(2019)第300296号

版 权 声 明

◆ 著　　　　［美］基思·吉尔伯特（Keith Gilbert）

译　　　　杨 菁　赵 耀

责任编辑　武晓燕

责任印制　王 郁　焦志炜

◆ 人民邮电出版社出版发行　　北京市丰台区成寿寺路 11 号

邮编　100164　电子邮件　315@ptpress.com.cn

网址　http://www.ptpress.com.cn

大厂聚鑫印刷有限责任公司印刷

◆ 开本：800×1000　1/16

印张：15.25

字数：346 千字　　　　　　　　2020 年 5 月第 1 版

印数：1 – 2 000 册　　　　　　　2020 年 5 月河北第 1 次印刷

著作权合同登记号　图字：01-2019-6404 号

定价：59.00 元

读者服务热线：(010)81055410　印装质量热线：(010)81055316
反盗版热线：(010)81055315
广告经营许可证：京东工商广登字 20170147 号

内容提要

本书由 Adobe 的专家编写，是 Adobe Dimension CC 2019 软件的正规学习用书。

本书包括 13 课，涵盖 Dimension 的基本介绍，设计模式的基础知识，使用相机改变场景视角的方法，渲染模式、3D 模型和材料的相关知识，如何选择对象和表面，将图形应用于模型的方法，如何使用背景和灯光，模型和场景的构建技术等内容。

本书语言通俗易懂并配以大量的图示，特别适合 Dimension 新手阅读，也适合有一定使用经验的用户学习大量高级功能，还适合相关培训班学员及广大爱好者学习。

前言

Adobe Dimension CC 能够让设计者在场景中迅速合成 3D 和 2D 素材、定制模型、指定材料和制造现实环境光等。设计好最后的场景后，Dimension 的高级渲染程序会将具有真实纹理、材料、阴影和反射的场景输出为一个二维的 Photoshop 文件。对于广告、产品设计、场景可视化、抽象艺术、包装设计等行业来说，Dimension 是一个完美的工具。

关于经典教程

本书是 Adobe 图形和出版软件系列官方培训教材中的一本，由 Adobe 产品专家指导撰写。本书按照课程编写、设计，这有利于读者自己掌握学习进度。如果你刚接触 Dimension，可以先了解基本概念和该软件的基础性功能。本书还介绍了许多高级功能，包括使用该软件最新版本所需要的技巧和技术。

虽然本书是一本按部就班的操作指南，每一课都按照顺序一步步地创建某些特定项目，但你仍可以自由地探索和体验 Dimension。你既可以按书中的课程顺序从头到尾阅读，也可以只阅读感兴趣或需要的课程。各课都包含了一个复习小节，可以帮你对该课内容进行总结。

必备知识

在开始阅读本书前，请确认系统已正确设置，并确认已安装了所需的软件和硬件。你需要具备计算机和操作系统方面的使用知识，应该知道怎样使用鼠标、标准菜单和命令，以及怎样打开、保存和关闭文件。如果你需要复习这些知识，请参考 Microsoft Windows 或 macOS 系统的帮助文档。

除下载 Adobe Dimension CC 之外，还需要下载 Adobe Photoshop CC 和 Adobe Illustrator CC。

安装 Adobe Dimension

使用本书前，应确保系统设置正确并安装了必要的软件和硬件。你必须专门购买 Adobe Dimension CC 软件。有关安装该软件的系统需求和详细说明，请参阅 Adobe 官网。

书中的部分课程需要用到 Adobe Photoshop CC 和 Adobe Illustrator CC，请在 Adobe 中下载 Adobe Creative Cloud 桌面程序来安装 Photoshop 和 Illustrator。

启动 Adobe Dimension

可以像启动大多数软件应用程序那样启动 Dimension。

- 在 Windows 中启动 Adobe Dimension：选择"开始">"所有程序">"Adobe Dimension CC"。
- 在 macOS 中启动 Adobe Dimension：在 Launchpad 或 Dock 中，单击图标 Adobe Dimension CC。

如果找不到 Adobe Dimension CC，请在任务栏（Windows）或 Spotlight（macOS）中的搜索框中输入 Dimension，再单击应用程序图标 Adobe Dimension CC 并按回车键。

恢复默认首选项

首选项文件存储了有关面板和命令设置的信息。用户退出 Adobe Dimension 时，面板位置和某些命令设置将存储到首选项文件中；用户在"首选项"对话框中所做的设置也将存储在首选项文件中。

在每课开头，读者都应重置默认首选项，以确保在屏幕上看到的图像和命令都与书中描述的相同。也可不重置首选项，但在这种情况下，Dimension CC 中的工具、面板和其他设置可能与书中描述的不同。

若要将首选项恢复为出厂默认值，请执行以下操作。

1. 启动 Adobe Dimension。
2. 选择 File（文件）>New（新建）以创建一个新的空白文件。
3. 选择 Adobe Dimension CC>Preferences（首选项）（macOS）或 Edit（编辑）>Preferences（首选项）（Windows）。
4. 单击 Reset Preferences（重置首选项）按钮。
5. 单击 OK 按钮。

其他资源

本书并不能代替程序自带的帮助文档，也不是全面介绍 Adobe Dimension 中每种功能的参考手册。本书只介绍与课程内容相关的命令和选项，有关 Adobe Dimension 功能的详细信息，请参阅以下资源。

- Adobe Dimension 帮助和支持：在这里可以搜索并浏览 Adobe 官网中的帮助和支持内容。可在 Dimension 中选择菜单"帮助">"Dimension 帮助"来访问该网站。
- 主页：Dimension 主页包含一系列有关 Dimension 的网上教程的链接。

- Dimension 教程：包含适合新手和老手的在线教程。要访问该网站，可直接在 Dimension 中选择菜单"帮助">"学习"。

- Dimension 博客：提供有关 Dimension 的教程、新闻以及给人启迪的文章。

- Adobe 论坛：可就 Adobe 产品展开对等讨论以及提出和回答问题。

- Adobe Dimension CC 主页：提供产品特征和系统需求等信息。

- 教员资源：向讲授 Adobe 软件课程的教员提供珍贵的信息。可在这里找到各种级别的教学解决方案（包括使用整合方法介绍 Adobe 软件的免费课程），这些方案可用于备考 Adobe 认证工程师考试。

Adobe 授权的培训中心

Adobe 授权的培训中心（AATC）提供由教员讲授的有关 Adobe 产品的课程和培训。

资源与支持

本书由异步社区出品，社区（https://www.epubit.com/）为你提供相关资源和后续服务。

配套资源

本书提供完成本书课程所需的素材文件。

要获得以上配套资源，请在异步社区本书页面中点击 配套资源 ，跳转到下载界面，按提示进行操作即可。注意：为保证购书读者的权益，该操作会给出相关提示，要求输入提取码进行验证。

提交勘误

作者和编辑尽最大努力来确保书中内容的准确性，但难免会存在疏漏。欢迎你将发现的问题反馈给我们，帮助我们提升图书的质量。

当你发现错误时，请登录异步社区，按书名搜索，进入本书页面，点击"提交勘误"，输入勘误信息，点击"提交"按钮即可。本书的作者和编辑会对你提交的勘误进行审核，确认并接受后，你将获赠异步社区的 100 积分。积分可用于在异步社区兑换优惠券、样书或奖品。

详细信息	写书评	提交勘误

页码：_____　页内位置（行数）：_____　勘误印次：_____

B I U ᵥ ₓ Ξ ▾ ☰ ▾ 〃 ↺ ▣ 〓

字数统计

提交

扫码关注本书

扫描下方二维码，你将会在异步社区微信服务号中看到本书信息及相关的服务提示。

与我们联系

我们的联系邮箱是 contact@epubit.com.cn。

如果你对本书有任何疑问或建议，请你发邮件给我们，并请在邮件标题中注明本书书名，以便我们更高效地做出反馈。

如果你有兴趣出版图书、录制教学视频，或者参与图书翻译、技术审校等工作，可以发邮件给我们；有意出版图书的作者也可以到异步社区在线提交投稿（直接访问 www.epubit.com/selfpublish/submission 即可）。

如果你来自学校、培训机构或企业，想批量购买本书或异步社区出版的其他图书，也可以发邮件给我们。

如果你在网上发现有针对异步社区出品图书的各种形式的盗版行为，包括对图书全部或部分内容的非授权传播，请你将怀疑有侵权行为的链接发邮件给我们。你的这一举动是对作者权益的保护，也是我们持续为你提供有价值的内容的动力之源。

关于异步社区和异步图书

"异步社区"是人民邮电出版社旗下 IT 专业图书社区，致力于出版精品 IT（信息技术）图书和相关学习产品，为作译者提供优质出版服务。异步社区创办于 2015 年 8 月，提供大量精品 IT技术图书和电子书，以及高品质技术文章和视频课程。更多详情请访问异步社区官网 https://www.epubit.com。

"异步图书"是由异步社区编辑团队策划出版的精品 IT 专业图书的品牌，依托于人民邮电出版社近 30 年的计算机图书出版积累和专业编辑团队，相关图书在封面上印有异步图书的 LOGO。异步图书的出版领域包括软件开发、大数据、AI、测试、前端、网络技术等。

异步社区

微信服务号

目　录

第1课 Adobe Dimension概述

课程概述

在本课中，你将了解 Adobe Dimension 的工作界面，并学习以下内容。

- Adobe Dimension 是什么。
- 如何打开一个 Dimension 文件。
- 如何使用面板和工具进行工作。
- 如何切换场景视角。
- 如何对场景进行简单的编辑。

 学习本课内容大约需要45分钟。启动 Adobe Dimension 之前，请先在异步社区将本书的课程资源下载到本地硬盘中，并进行解压。在学习本课时，请打开相应的课程文件。建议先做好原始课程文件的备份工作，以免后期用到这些原始文件时，还需重新下载。

Adobe Dimension 的界面时尚又整洁，便于用户找到
所需的工具和选项。

1.1 Adobe Dimension 介绍

Adobe Dimension 软件适用于 macOS 系统和 Windows 系统。它能够把 3D 产品转换为逼真的图像，常用于品牌、产品快照、场景可视化和抽象艺术等方面。

Dimension 可以让 3D 软件经验不足甚至没有经验的人进行 3D 设计、合成和呈现。在条件允许的情况下，Dimension 程序和本书尽量避免使用三维建模的专业术语。熟悉其他 Adobe 设计工具（如 Adobe XD、Illustrator、Photoshop 和 InDesign）的用户应该熟悉 Dimension 程序的界面。

Dimension 是一个订阅产品，它是 Adobe Creative Cloud 产品所提供的一部分。根据订阅计划，用户可能只需要为 Dimension 付费。用户也可以访问 Adobe Creative Cloud 中所有的应用程序，包括 Adobe Photoshop 和 Adobe Illustrator，这些应用程序对 Adobe Dimension 来说特别有用。

3D 模型从何而来

Dimension 不创建 3D 模型，3D 模型通常使用建模软件创建，如 3ds Max、Blender、Inventor、Maya、Rhino、SketchUp、SolidWorks、Strata 3D 等。学习这些软件需要一定的时间和精力，它们的专业性比较强。而且这些软件的使用比较复杂，因此需要较长的时间才能熟练掌握。

Dimension 的优点是可以从这些软件中导入模型。之后，Dimension 将新材料应用到模型的表面；将导入的模型与其他模型放置在一起，合成 2D 场景，并对这些 2D 场景应用真实的光照、反射和阴影。最后，Dimension 将合成结果转换成平面二维图像，并将其输出为 PSD 或 PNG 文件，这些文件可用于印刷出版物、网站或其他数字用途。Dimension 还有一个"Beta"特性（在撰写本文时），该特性可以将场景中的交互式 3D 版本导出到网络中与他人共享。

1. 创建一个场景，结果如图 1.1 所示。

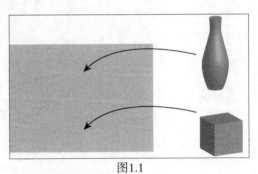

图1.1

2. 调整光照、材料、尺寸、位置、视角等，结果如图 1.2 所示。

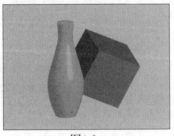

图1.2

3. 添加背景，如图 1.3 所示。

图1.3

4. 输出。将其发布到网络（Beta 版）上，并渲染为 PSD 或 PNG 格式，结果如图 1.4 所示。

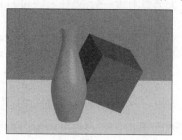

图1.4

1.2　启动 Dimension 并打开文件

在本课中，你会打开一个完整的 Dimension 场景，并了解 Dimension 的界面是如何设计的。

1. 打开 Adobe Dimension。

屏幕上会出现一个开始界面，你的屏幕可能与本课展示的屏幕截图有所不同，但是没有关系。开始界面中包含了各种教程和其他 Dimension 资源的链接。

如果你之前处理过 Dimension 文件，那么这些文件会显示于开始界面底部的列表中。

屏幕左下角的选项可以链接到其他学习资源，如图 1.5 所示。通过该链接你也可以向 Adobe 提供关于 Dimension 的反馈。

图1.5

2. 单击 Open（开始）按钮。

3. 选择名为 Lesson_01_begin.dn 的文件，它位于你复制到硬盘上的 Lessons\Lesson01 文件夹中，然后单击"开始"按钮。

接下来用这个简单的 3D 场景来探索 Dimension 的操作内容。

Dimension的限制：一次只能打开一个文件

3D文件可能会很复杂，它需要很大的计算机内存和强大的处理能力。因此，Dimension一次只能打开一个文件。换句话说，如果你已经在Dimension中打开了一个项目，那么在新建文件或打开另一个文件时，原来已打开的项目将会关闭。

1.3 工具介绍

屏幕最左侧的工具面板包含了一些用来创建和编辑 3D 场景的常用工具选项，接下来详细介绍一下这些选项。

1. 将鼠标指针悬停在 Tools(工具)面板中的每个工具上时，会弹出来一个蓝色的工具提示框，如图 1.6 所示。此工具提示会显示该工具的名称、用于访问该工具的键盘快捷方式以及该工具的用途。

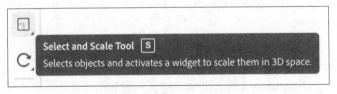

图1.6

2. "工具"面板被水平线划分为 4 个部分，如图 1.7 所示。

前 3 种工具［Select and Move（选择并移动）、Select and Scale（选择并缩放）和 Select and Rotate（选择并旋转）］用于选择和转换 3D 模型。这些工具都可以用于选择 3D 对象并转换它们，其他 Adobe 软件没有单独的选择工具。

接下来的两种工具——Magic Wand（魔棒）工具和 Sampler（采样）工具，它们组合在一起用于选择和改变一个大型 3D 对象局部的颜色或表面材料，比如瓶盖或杯子的把手。

接下来的 4 种工具［Orbit（轨道）工具、Pan（平移）工具、Dolly（推拉）工具和 Horizon（地平线）工具］用于在 3D 场景中调整相机（camera）的位置。这 4 种工具通常叫作相机工具。

"工具"面板底部的两个工具——Zoom（缩放）工具和 Hand（手形）工具，用于调整屏幕上画布（canvas）或工作区的视图。这些工具的工作原理与 Photoshop、Illustrator 和 InDesign 中的缩放工具和手形工具的工作原理类似。

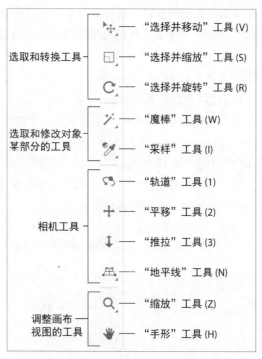

图1.7

3. 右键单击"选择并移动"工具，屏幕上会出现该工具的一些附加选项。

"工具"面板中工具右下角的黑色小箭头表示：如果右键单击该工具，将会出现其他工具或工具选项，如图 1.8 所示。

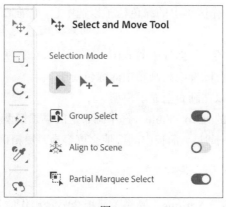

图1.8

1.4　面板介绍

和许多其他 Adobe 设计程序一样，屏幕右侧的面板显示你在工作区中所选择的对象的属性。你可以编辑这些属性。我们来看看面板在 Dimension 中是如何工作的。

1. 在"工具"面板中选择 Select and Move（选择并移动）工具（键盘快捷键 :V）。
2. 单击场景中的红色椅子。注意，椅子为蓝色高亮显示，表示被选中。

1.4.1　场景面板介绍

Scene（场景）面板列出了组成场景的所有组件。

1. 观察屏幕右侧的"场景"面板。在本例中，场景中有 5 个对象 : Environment、Camera、retro_green_chair、retro_table 和 retro_red_chair，如图 1.9 所示。
2. 右键单击"工具"面板中的"选择并移动"工具。在弹出的工具选项中，打开 Group Select（组选择）选项，如图 1.10 所示。此时，单击分组对象会选择整个组。该工具类似于 Photoshop、Illustrator 和 InDesign 中的选择工具。

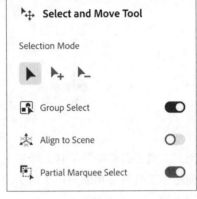

图1.9　　　　　　　　　　　　　　　　图1.10

3. 单击画布（Page 或工作区）上的绿色椅子以选中它。"场景"面板中的 retro_green_chair 模型会高亮显示。
4. 将鼠标指针悬停在"场景"面板中的 retro_green_chair 选项上，选项右边会出现一个眼睛形状的图标 👁，单击此图标隐藏画布中的绿色椅子。
5. 再次单击眼睛图标，以在画布上显示模型。
6. 单击"场景"面板中的 retro_ table，选中画布上的桌子模型。有时，相比单击画布上的模型，单击 Properties（属性）面板中的选项会更容易、更精确地选择模型。

1.4.2　"操作"面板介绍

根据在场景中选择的内容，Actions（操作）面板会显示操作的各种快捷方式，或者是对所选模型进行操作的方式。

1. 选择 retro_table 模型后，"操作"面板将显示删除、复制、移动到平面以及组的操作。
2. 将鼠标指针放在操作图标上，可以查看操作的名称以及可用于每个操作的键盘快捷方式，如图 1.11 所示。

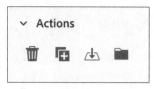

图1.11

1.4.3 "属性"面板介绍

根据用户在场景中选择的内容，Properties（属性）面板会显示所选内容的各种属性。

1. 选择 retro_table 对象后，"属性"面板中将分别显示轴心（pivot）点，位置、旋转和缩放的 X、Y 和 Z 值，这些值都可以编辑。

2. 在 Position（位置）选项中，X 的值为 4，如图 1.12 所示，这意味着把场景中的桌子移动到右边。

图1.12

3. 在"场景"面板中，单击 Environment（环境）以选择场景，这可以控制 3D 模型周围的照明和地面属性。"属性"面板会显示 Background（背景）、Environment Light（环境光）、Sunlight（阳光）和 Ground Plane（地面）的设置。

4. 在"环境光"下，将 Intensity（强度）滑块向左拖动到 75% 左右，以降低场景中光的亮度，如图 1.13 所示。

> **Id** 提示：与其他一些 Adobe 产品不同，Dimension 中的"场景""操作"和"属性"3个面板不能关闭或重新排列，它们始终在屏幕中相同的位置上显示。你可以通过单击面板名称左侧的箭头折叠和展开这些面板。

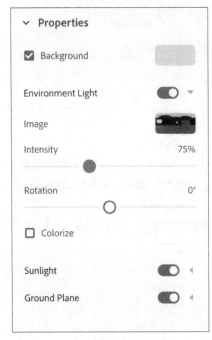

图1.13

1.5　了解相机功能

每个 Dimension 项目都包含相机功能。用户可以使用 Orbit（轨道）工具、Pan（平移）工具、Dolly（推拉）工具、Horizon（地平线）工具操纵相机，以不同角度、距离和透视度查看 3D 场景。

1. 在工具面板中单击 Select and Rotate（选择并旋转）工具（键盘快捷键 :R）。
2. 单击画布上的红色椅子，或者单击"场景"面板中的 retro_red_chair 对象以选择红色椅子。
3. 在"属性"面板中，在 Y 轴处输入 40°，然后按回车键。此时，椅子绕垂直轴（Y 轴）旋转，如图 1.14 所示。

图1.14

4. 选择 Edit（编辑）>Undo Edit Scene（撤销编辑场景）以撤销旋转。

5. 选择 Edit（编辑）>Redo Edit Scene（重做编辑场景）以重做旋转。

注意，随着椅子的旋转，其阴影的长度和外观会发生变化，但仍然投射在相同的方向上。

6. 在工具面板中选择 Dolly（推拉）工具（键盘快捷键 :3），使用鼠标在屏幕上向下拖动，使相机离物体更远。

7. 选择 Camera（相机）>Camera Undo（相机撤销）返回到对象的原始视图。

8. 在工具面板中选择 Orbit（轨道）工具（键盘快捷键 :1）。

9. 使用"轨道"工具在场景中拖曳以改变场景的视角。这就像在场景中改变模型的位置一样，我们可以通过一个相机镜头从不同的角度观察它。

注意，当使用"轨道"工具旋转场景视图时，阴影会改变方向，但保持同样的长度和外观。这是因为模型和光源的相对位置保持不变，只是改变了场景视角。

10. 可以重复 Camera（相机）>Camera Undo（相机撤销）这一过程，直到返回场景的初始视图。

 注意：Dimension 有两个撤销命令。Edit（编辑）>Undo（撤销）用于撤销对场景中的对象进行的最后一次实际编辑，Camera（相机）>Camera Undo（相机撤销）用于撤销相机的最后一个操作。

1.6　了解画布

到目前为止，我们对 3D 场景的所有操作都是在一个大矩形内进行的，这个矩形称为"画布"，它占据了屏幕上大部分的工作区域。也可以把画布想象成一个"页面"。画布的尺寸与通过 3D 对象创建的最终输出的 2D 图像的实际尺寸相同。大多数情况下，我们可能只需要将画布显示在屏幕上，然后使用相机工具在画布的范围内更改场景视图。根据使用过的其他软件程序，我们可以将画布视为 3D 场景的"窗口"，如图 1.15 所示。

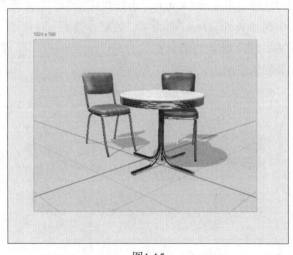

图1.15

如果使用过其他 Adobe 设计工具，如 Photoshop、Illustrator 或 InDesign，那么用户可能不想使用相机工具来操作画布视图。

1. 在"工具"面板中选择 Zoom（缩放）工具（键盘快捷键 :Z），然后单击画布或拖动画布进行缩放。

2. 在"工具"面板中选择 Hand(手形）工具（键盘快捷键 :H），在屏幕上拖动场景来移动画布。

3. 选择"工具"面板中的"缩放"工具（键盘快捷键 :Z）。

4. 按住 Option 键（macOS）或 Alt 键（Windows），然后单击画布几次以缩小画布。

5. 选择 View（视图）>Zoom to Fit Canvas（缩放以适合画布）来适应屏幕上的画布。

> **Id** 提示：相机工具（"轨道"工具、"平移"工具、"推拉"工具和"地平线"工具）用于操纵画布内场景的视图，"缩放"工具和"手形"用于工具操纵画布本身的视图。

> **Id** 注意：与许多其他 Adobe 设计工具一样，你可以使用 Command+ "+" 和 Command+ "−"（macOS）或 Ctrl+ "+" 和 Ctrl+ "−"（Windows）快捷键进行放大和缩小。使用 Command+1（macOS）或 Ctrl+1（Windows）快捷键可以查看全尺寸的设计图，使用 Command+0（macOS）或 Ctrl + 0（Windows）快捷键返回适合窗口的视图（fit in window）。

1.7 了解基准地平面（Ground Plane）

消失线（屏幕上看到的正方形网格）所在的面表示 3D 场景的地面。地面是场景中物体通常所在的"地板"，物体可以浮在地面之上或埋在地面之下。

1. 选择 Camera（相机）>Switch to Home View（切换到主视图），确保视图恢复到本课开始时的状态。

2. 在"工具"面板中选择 Select and Rotate（选择并旋转）工具（键盘快捷键 :R）。

3. 在"场景"面板中选择 retro_green_chair（绿色复古椅子）对象。

4. 在"属性"面板中，将 Z 轴旋转的值更改为 90°，然后按回车键。椅子绕 Z 轴旋转，一半的椅子消失在基准地平面上，如图 1.16 所示。

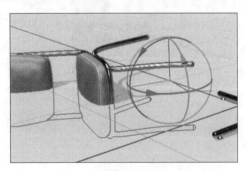

图1.16

5. 在"工具"面板中选择"轨道"工具（键盘快捷键:1）。

6. 用"轨道"工具在屏幕上向下拖动。这会改变场景视角，改为从上向下俯视。

注意，地面上的网格线是深灰色的，且地面是不透明的。无法透过地板看到地面以下的物体，如图 1.17 所示。

图1.17

7. 用"轨道"工具在屏幕上拖动，直到可以看到整个绿色的椅子。此时，视角变为从地面以下查看场景，可以看到桌子的底部。

注意，此时可以看到绿色椅子从地面"向上"伸出的部分，以及"埋"在地面以下的部分。当你从地面以下观看场景时，地面看起来是透明的，这样你就可以通过它看到上面的物体。

此外，地面下方的网格线是红色的，这可以帮助我们确定场景的视角，如图 1.18 所示。

图1.18

8. 在工具面板中选择"推拉"工具（键盘快捷键:3），使用鼠标反复在屏幕上向下拖动，使相机离物体更远。地面是"无限的"，相机可以移动到离物体很远的地方。

9. 选择"相机">"切换到主视图"，确保视角恢复到本课开始时的状态。

Id 提示:地面上的网格线可以通过 View（视图）>Toggle Grid（切换网格）。在"场景"面板中选择环境时，可以在"属性"面板中打开和隐藏基准地平面。

1.8 使用渲染预览

通过渲染用户可以获得场景中模型的表面、颜色、高光、阴影和反射的精确视图。渲染需要强大的处理器，而且耗时。在渲染时，计算机会分析场景中的对象如何相互作用，还会分析背景和场景中的灯光，然后计算准确的阴影、高光、表面细节和反射。

即使是现在速度最快的计算机也无法在编辑场景时实时呈现复杂的场景，所以渲染通常要到项目的最后阶段才会进行。然而，在 Dimension 的场景中工作时，渲染预览窗口可以为用户实时呈现最终渲染效果的预览界面。

1. 单击屏幕右上角的渲染预览（Render Preview）图标，经过 15 ~ 20 秒的等待（取决于计算机的速度），就可以看到最终渲染效果的缩略图，如图 1.19 所示。

图1.19

2. 在"工具"面板中选择"选择并旋转"工具（键盘快捷键 :R）。

3. 如果物体没有被选中，单击"场景"面板中的 retro_green_chair 来选中椅子。

4. 在"属性"面板中，将 Z 轴旋转的值更改为 0°，然后按回车键。在短暂的等待后，预览窗口将会更新，显示新的编辑过的场景，如图 1.20 所示。

图1.20

1.9　Dimension 的两种模式

Dimension 的界面有设计和渲染两种模式。设计模式用于创建和编辑 3D 场景。渲染模式用于创建最终的、高质量像素的完美场景输出。在本书中，你将详细了解这两种模式。

> **注意**：在撰写本书时，Dimension 包括一个名为 Publish to Web（发布到网页）的试运行（Beta）功能。要尝试此功能，请单击右上角的共享按钮，并选择 Publish 3D Scene（发布 3D 场景）。Dimension 会将场景发布到网络服务器（由 Adobe 托管）上，并返回用户可以共享的 URL。任何关注这个 URL 的人都可以交互地讨论他们对 3D 场景的看法。

1. 屏幕左上角 Design 标签下黑色的横线表示目前处于设计模式，如图 1.21 所示。任何时候打开 Dimension 文件或创建新文件，文件均显示为设计模式。

图1.21

2. 单击 Render（渲染）切换到渲染模式。注意，视图中的 3D 界面消失，所有工具和面板都被用于控制渲染设置的新面板所替换。

我们将在后面的课程中讨论渲染的细节。现在，本课中使用的练习文件已全部被渲染。

3. 在 Adobe Photoshop 中打开 Lesson_01_final_render.psd 文件，查看最终的渲染效果，如图 1.22 所示，并将其与前面渲染预览窗口中的图像进行比较。

图1.22

4. 单击 Design（设计）按钮切换回设计模式，再次显示 3D 界面。

Id **注意：** 设计模式和渲染模式之间可以随时进行切换。虽然渲染通常是在项目结束时完成的，但是如果想要偶尔在项目进程中进行渲染，也可以准确地看到当前项目的外观。

1.10　帮助

单击屏幕右上角的问号图标 ⓘ 可以访问在线帮助内容，包括教程、视频、键盘快捷键和已完成的工作图库。

1.11 复习题

1. 在 Dimension 中，一次可以打开多少个文件？

2. 渲染模式的目的是什么？

3. 为什么 Dimension 中没有选择工具？

4. 3D 模型所在的地面（floor）的专业术语是什么？

1.12 复习题答案

1. Dimension 一次只能打开一个文件，如果在已打开一个文件的同时打开第二个文件，第一个文件将会关闭。

2. 渲染模式用于创建具有精确光照、阴影、反射、材料和表面属性的最终场景。对场景进行编辑时，计算机无法实时跟踪和呈现。渲染是在渲染模式下发生的一个独立过程。

3. Dimension 具有 Select and Move（选择并移动）、Select and Scale（选择并缩放）以及 Select and Rotate（选择并旋转）工具，这些工具在移动、缩放或旋转对象时，都允许用户同时选择对象。

4. 三维场景中假想的地面（floor）叫作基准地平面（Ground Plane）。

第2课　了解设计模式

课程概述

在本课，你将从零开始创建一个简单的 3D 场景，并学习以下内容。

- 如何创建一个新项目并指定画布的大小。
- 如何改变背景的属性。
- 如何导入预设模型。
- 如何转换 3D 对象。
- 如何将材料应用到物体上。
- 如何调节灯光。
- 如何渲染场景并生成可用于其他程序的输出文件。

这节课大约需要 45 分钟来完成。启动 Adobe Dimension 之前，请先在异步社区将本书的课程资源下载到本地硬盘中，并进行解压。在学习本课时，请打开相应的课程文件。建议先做好原始课程文件的备份工作，以免后期用到这些原始文件时，还需重新下载。

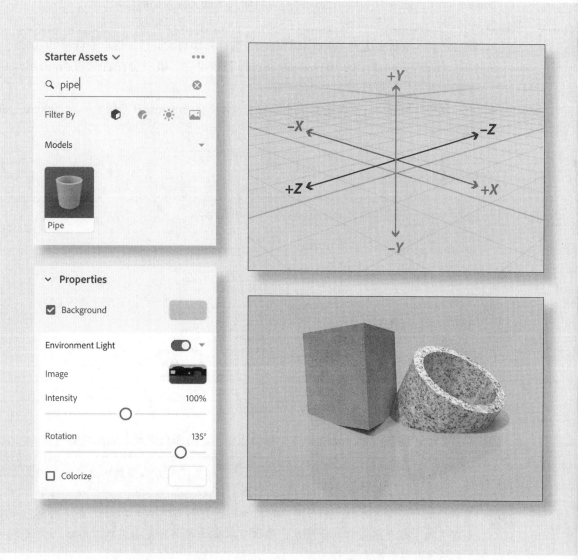

在 Dimension 中，用户需要在设计模式相关内容上花费大量的时间。用户将在设计模式中对模型进行定位、缩放和旋转，将材料应用于表面，并调整照明条件和反射。

2.1 新建项目

在 Dimension 中新建一个项目很简单，只需要选择 File（文件）> New（新建）即可。

1. 选择 File（文件）> New（新建）创建一个新项目。如果当前打开了另一个项目，那么先打开的项目会关闭。如果该项目没有保存，那软件会提示用户在关闭之前保存它。

Dimension 在创建新项目时不会询问有关页面大小或文件大小的任何信息。但用户可以修改这些信息。

2. 在"工具"面板中选择 Select and Move（选择并移动）工具（键盘快捷键:V）。

3. 单击画布左上角显示的 1024×768 以选择画布尺寸。用户会在右侧的 Properties（属性）面板中看到用于更改画布大小的选项。

4. 在"属性"面板中，更改画布大小：W（宽度）为 3000px，H（高度）为 2000px，如图 2.1 所示。

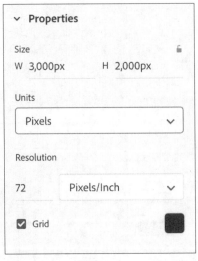

图2.1

5. 选择 View（视图）>Zoom（缩放）以适应画布，从而在屏幕上确定新的画布的大小。

注意：所选的画布的宽度和高度值取决于最终呈现图像的预期用途。如果用户只需要在网络页面的一部分使用低分辨率的图像，那么 600px×600px 可能就足够了。但是，如用于纸质的杂志封面，那么图像的尺寸可能需要 4000px×4000px 或者更大。如果用户需要关于这个问题的更多信息，那么可以咨询网页开发人员或合作伙伴。他们会告知你所需的精确像素尺寸。

提示：画布分辨率的大小会影响渲染时间。使用的画布尺寸尽量不要超过所需的大小。

更改背景颜色

场景的背景颜色默认是白色，用户可以将背景颜色更改为任何颜色。

1. 在 Scene（场景）面板中，选择 Environment（环境）。

2. 在 Properties（属性）面板中，单击 Background（背景）右侧的 property swatch（属性转换），并在 RGB 后输入 220、205、185，从而将背景更改为淡棕色，如图 2.2 所示。

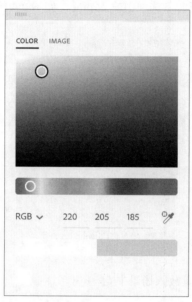

图2.2

3. 设置完成后，单击以关闭颜色选择器。

4. 选择 File（文件）>Save（保存），并命名该文件。必要时将文件保存在方便找到的地方。

 注意： Dimension 文件的扩展名为 .dn。根据操作系统的配置方式，文件名的末尾可能会显示这个扩展名，也可能不会。

2.2 使用预设

Dimension 自带了许多原始资源（starter assets），例如 3D 模型、材料、灯光和背景图像。用户可以使用这些原始资源来创建 3D 场景。用户还可以使用 Adobe Stock、Creative Cloud 库或导入的 3D 模型和 2D 图像中的内容来组成场景。在本课中，我们将使用原始资源（starter assets）。

1. 单击屏幕左下角的 Content（内容）按钮▥。此按钮可以显示或隐藏屏幕左侧的 Content（内容）面板。单击该按钮显示"内容"面板。

"内容"面板用于显示在场景中使用的内容，如 3D 模型、材料、灯光和图像。

2. 如果"内容"内容面板的顶部没有显示 Starter Assets（原始资源），可以从下拉菜单中选择"原始资源"，如图 2.3 所示。

图2.3

3. 单击面板顶部的模型图标 ⬡，从而只显示面板中的模型。

4. 在 Search Assets（搜索资源）选项中输入 pipe，如图 2.4 所示。

图2.4

Pipe 原始资源在面板上显示。

5. 单击 Pipe 原始资源，将其放入场景中。

6. 再次搜索 prism。

Prism 原始资源在面板上显示，如图 2.5 所示。

图2.5

7. 单击 Prism 原始资源，将其放入场景中。

注意，Pipe 和 Prism 位于场景中同一位置，因此它们有部分重叠，如图 2.6 所示。用户需要在接下来的步骤中解决这个问题。

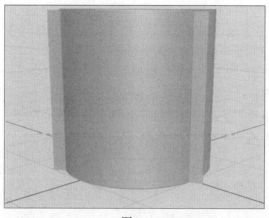

图2.6

> **Id** 注意：单击原始资源模型时，该模型将始终位于场景中的坐标轴原点。用户可以将模型移动到场景中的任何位置。

2.3 选择和转换对象

"场景"面板可以很容易地帮助用户确定组成场景的各个部分，还可以帮助用户选择这些部分。接下来重新排列场景中的 Pipe 和 Prism 模型。

2.3.1 移动对象

1. 在"工具"面板中选择 Select and Move（选择并移动）工具（键盘快捷键 :V）。
2. 在"场景"面板中单击词 Prism 以选择 Prism 模型。画布上的模型被蓝色勾勒出以表明它被选中。
3. 在"属性"面板中输入 $X=0$、$Y=0$ 和 $Z=10$ 表示模型位置，如图 2.7 所示。Prism 模型会更靠近场景的前方。

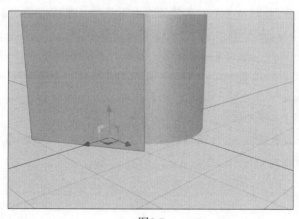

图2.7

4. 单击"场景"面板中的 Pipe 模型。

请注意出现在模型上的彩色坐标轴标志。用户可以使用此坐标轴标志沿着 *X* 轴、*Y* 轴或 *Z* 轴移动模型，这就不需要在"属性"面板中输入坐标值了。

5. 将红色箭头向右拖动，直到"属性"面板中的 *X* 位置显示为 5。

6. 将蓝色箭头向右拖动，直到"属性"面板中的 *Z* 位置显示 −5。

7. 将绿色箭头向下拖动，直到"属性"面板中的 *Y* 位置显示为 −5。此时，Pipe 模型向下移动，部分模型处于基准地平面之下，如图 2.8 所示。

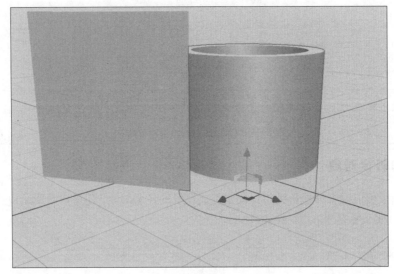

图2.8

3D轴介绍

用户应该熟悉在2D设计程序中使用的*X*轴和*Y*轴。沿着*X*轴移动一个对象会使其左右移动。沿着*Y*轴移动一个对象会使其上下移动。在3D世界中，我们需要第三个轴——*Z*轴。沿着*Z*轴移动一个对象会使它远离或靠近。

3D轴很容易理解，并且可以可视化。此外，在Dimension中，默认的观察角度是*X*轴和*Z*轴中间，所以用户是以某个角度在观察对象，如图2.9所示。当在*Z*轴上移动一个对象让其靠近你时，该对象也会在屏幕上从右向左移动。刚开始可能有点难以理解，多练习就好了。

Dimension默认使用3D轴视图。该视图偏离中心，但更容易看到沿*Z*轴的移动，虽然一开始可能会有点困惑。

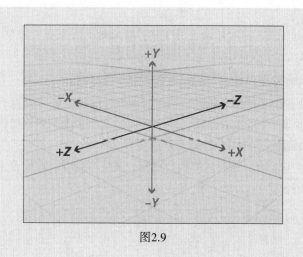

图2.9

2.3.2 旋转和缩放对象

使用"选择并移动"工具拖动箭头可以沿着 X 轴、Y 轴或 Z 轴移动对象。用户也可以通过拖动屏幕上的坐标轴箭头来旋转和缩放对象。

1. 选择"工具"面板中的 Select and Rotate（选择并旋转）工具（键盘快捷键 :R）。

2. 单击画布上的 Pipe 模型以选择它。

3. 顺时针旋转坐标轴上的蓝色箭头，直到"属性"面板中旋转设置的 Z 轴的值为 –30。同时，坐标轴上也显示相同的数值。

4. 在"工具"面板中选择 Select and Scale（选择并缩放）工具（键盘快捷键 :S）。

5. 向下拖动坐标轴上的绿色手柄，直到"属性"面板中缩放设置的 Y 轴的值显示为 8。此时，Pipe 模型只在 Y 方向上缩放，使管道变短。按住 Shift 键，同时拖动手柄，会使管道按比例在各个方向上进行缩放，如图 2.10 所示。

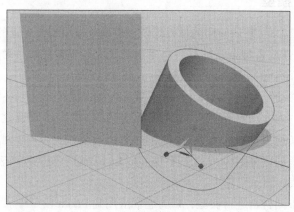

图2.10

提示：按住 Shift 键，同时拖动旋转手柄，将旋转限制为每次增加 15°。

6. 使用"选择并旋转"工具选择 Prism 对象（键盘快捷键 :R）。

7. 向左拖动旋转小部件上的绿色箭头，直到"属性"面板中旋转设置的 Y 轴的值显示为 −30。

8. 向上拖动旋转小部件上的蓝色箭头，直到"属性"面板中旋转设置的 Z 轴的值显示为 10。

9. 切换到"选择并缩放"工具（键盘快捷键 :S）。

10. 向下拖动以缩放坐标轴上的绿色手柄，直到"属性"面板中缩放设置的 Y 轴的值显示为 9，结果如图 2.11 所示。

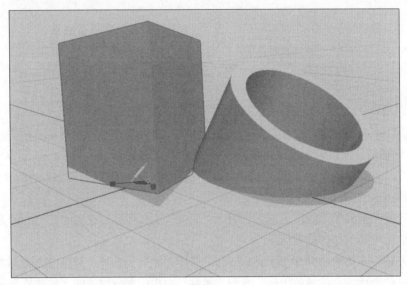

图2.11

2.4　将材料应用于模型

将 3D 模型导入场景中时，默认使用的材料是创建模型时应用到模型上的材料。在 Dimension 中，用户可以调整材料的属性或者将全新的材料应用于模型。本节课我们将简要地学习如何将材料应用于模型，在后面的内容中会更深入地研究材料。

1. 使用"选择并移动"工具来选择 Prism 对象（键盘快捷键 :V）。

2. 在屏幕左侧的"内容"面板中，单击搜索区旁边的图标，清除之前的搜索项。

3. 单击 Materials（材料）图标，可以在面板中只查看模型材料，如图 2.12 所示。

4. 单击面板右上角的更多图标，选择 Toggle List/Grid（切换到列表 / 网格）视图以切换到 List View（列表视图）。

5. 单击列表中的不同材料进行实验，以将它们应用到 Prism 模型中。

图2.12

6. 在搜索框中输入 concrete（混凝土），单击 Clean Concrete（清水混凝土）材料，然后将其应用到 Prism 模型的表面。

7. 用"选择并移动"工具单击 Pipe 模型。

8. 在搜索框中输入 Marble（大理石），单击 Grey Marble（灰色大理石）材料，将其应用到管道模型的表面，如图 2.13 所示。

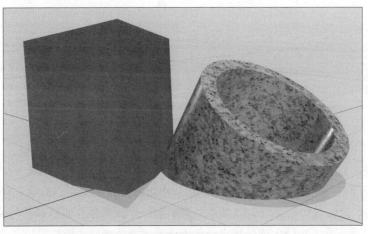

图2.13

2.5　调整光照

Dimension 中的场景可以包含两种不同类型的照明：环境光和日光。环境光是围绕场景的光。日光可以添加到环境光中，也可以代替环境光，从而产生强烈的方向阴影和反射。这两种光照都可以通过多种方式进行制定。

2.5.1　调整和预览环境光

接下来看一下当调整环境光的旋转方向和颜色时会发生什么。

1. 单击屏幕右上角的 Render Preview（渲染预览）图标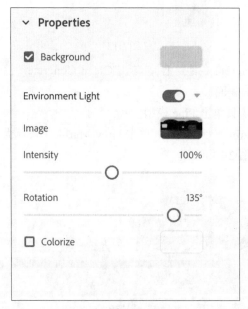，显示 Render Preview（渲染预览）窗口。在执行以下步骤时，最好先打开此窗口。
2. 选择 Edit（编辑）> Deselect All（取消选择所有），以取消选择 Pipe 模型。
3. 在"场景"面板中单击 Environment（环境），选择环境而非 3D 模型。
4. 在"属性"面板中，将 Environment Light（环境光）下的 Rotation（旋转）滑块调整到 135° 左右，如图 2.14 所示。注意，此时 Prism 模型和 Pipe 模型表面的亮区和暗区位置会发生变化。

图2.14

5. 在"属性"面板中，选择 Environment Light（环境光）下的 Colorize（着色）选项。
6. 默认情况下，"着色"选项被设置为白色。单击接下来需要着色的颜色样本，并选择 RGB 值为 250、250、150，如图 2.15 所示。此时，一个淡黄色、暖色调的环境光将应用在场景中。着色完成后，在颜色选择器之外单击以关闭颜色选择面板。

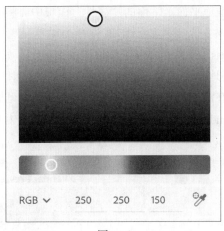

图2.15

2.5.2 调整和预览日光

本节中我们将简单地实验一下日光的特性。更加详细的内容在后面的课程中呈现。

1. 在"属性"面板中，单击 Sunlight（日光）旁边的按钮以打开 Sunlight（日光）面板。此时，场景立即变亮，并出现更强的阴影和高光。

2. 接下来测试 Intensity（强度）、Cloudiness（云量）、Height（高度）和 Rotation（旋转）滑块。将"强度"滑块调节为 110%，"云量"滑块调节为 10%，"高度"滑块调节为 60°，"旋转"滑块调节为 0°，如图 2.16 所示。

图2.16

2.5.3 调节基准地平面属性

默认情况下，基准地平面是一个实心表面，其表面经过哑光处理。基准地平面上会显示阴影，但不会显示上面任何物体的反射。我们可以随意改变基准地平面的属性。

1. 在 Ground Plane（基准地平面）下面的"属性"面板中，将 Reflection Opacity（反射不透明度）滑块调整为 10%。

2. 将 Reflection Roughness（反射粗糙度）滑块调整到 10%，如图 2.17 所示。此时，Prism 模型和 Pine 模型所处的地面会增加一种轻微的、自然的反射。但是这样的修改在画布预览中是不可见的，只能在渲染预览面板或场景的最终渲染中可见。

3. 单击屏幕右上角的 Render Preview（渲染预览）图标，查看地面上反射的对象，如图 2.18 所示。

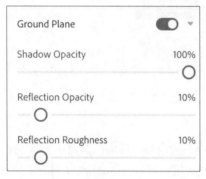

图2.17

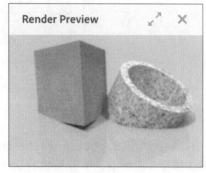

图2.18

2.6 调整相机

到目前为止，我们一直操作的这个场景并没有改变过相机视图。但是现在我们想从不同的角度来观察这个场景，看看是否会有更有趣的角度，或者能够更仔细地观察 Prism 模型和 Pipe 模型是如何相交的。

1. 单击屏幕右上角的 Camera Bookmarks（相机标签）图标。

2. 单击添加按钮+来保存名为"View 1"的相机标签，这样可以很快返回到当前的相机视图，如图 2.19 所示。

图2.19

3. 在"工具"面板中选择"轨道"工具（键盘快捷键 :1）。

4. 用"轨道"工具拖曳场景以从不同视角观察场景。

5. 在"工具"面板中选择"平移"工具（键盘快捷键 :2）。

6. 用"平移"工具拖曳场景以平移相机视图。

7. 单击 Camera Bookmarks（相机标签）图标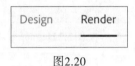。

8. 单击"View 1"返回先前保存的相机视图。

9. 在"工具"面板中选择"推拉"工具（键盘快捷键:3）。

10. 向下拖曳鼠标以缩小场景，使场景中的物体周围留下更多的空间。

11. 选择 File（文件）> Save（保存）。

2.7　场景渲染介绍

正在处理的文件会被保存为 Dimension 文件。Dimension 文件无法用 Photoshop 打开，无法应用于 InDesign 或 Illustrator，也无法用彩色打印机打印。若想得到可用的输出，我们需要渲染场景。渲染场景的步骤如下所示，更多关于文件输出的知识将在后面的课程中学习。

1. 单击屏幕左上角的 Render（渲染）选项，如图 2.20 所示。

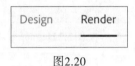

图2.20

2. 在屏幕右侧的 Render Settings（渲染设置）中，选择 Current View（当前视图）。

3. 输入文件名。

4. 在 Quality（质量）一栏中选择 Low（Fast）。

5. 选择导出位置。

6. 选择 PSD（16 Bits/Channel）作为导出格式。

7. 单击 Render（渲染）按钮，如图 2.21 所示。

8. 等待渲染完成。根据不同计算机的速度，可能需要 15 分钟或更长的时间。

正在进行渲染时，Dimension 无法进行其他操作，但是可以使用计算机上的其他程序。

9. 渲染完成后，在 Photoshop 中打开并查看完成的 PSD 文件。

10. 在 Photoshop 中，选择 Image（图像）>Image Size（图像尺寸），可以看到渲染后的 PSD 文件尺寸是 3000px × 2000px，这是项目开始时指定的画布大小。

11. 在 Photoshop 中放大图片，如图 2.22 所示。这张图片包含了很多噪点，投射阴影中尤其多。这是因为我们选择了低质量、快速的渲染设置。一个高质量、慢速的渲染会提供更好的效果，但需要相当长的渲染时间。

图2.21

图2.22

2.8 复习题

1. Dimension 文件的扩展名是什么?
2. 什么时候、在哪里可以指定画布的尺寸?
3. 将原始资源添加到场景中时,该资源位于场景中的什么位置?
4. 沿着 Z 轴移动一个物体,会让物体朝哪个方向移动?
5. 旋转 3D 物体的两种方法是什么?
6. Dimension 中内置的两种光是什么?

2.9 复习题答案

1. Dimension 文件的扩展名是 .dn。
2. 创建文件后,可以在"属性"面板中指定画布大小。
3. 将原始资源添加到场景中时,该资源位于场景的"中间",即三维坐标轴中 $X=0$、$Y=0$、$Z=0$ 的位置。
4. 在 Z 轴上移动一个物体会使它离观察者更近或更远。
5. 使用"选择并旋转"工具选择对象,然后在"属性"面板中输入值。或者拖动对象上的旋转坐标轴。
6. Dimension 内置了两种类型的光:环境光和日光。

第3课　改变场景视角：使用相机

课程概述

在本课中，用户将学习如何操纵现有的3D场景视图，并学习以下内容。

- "轨道"工具、"平移"工具、"推拉"工具和"地平线"工具的工作原理。
- 何时以及为何使用 Camera（相机）工具。
- 如何使用标签保存相机视图。
- 如何模拟场景中的景深。

学习本课内容大约需要45分钟。启动 Adobe Dimension 之前，请先在异步社区将本书的课程资源下载到本地硬盘中，并进行解压。在学习本课时，请打开相应的课程文件。建议先做好原始课程文件的备份工作，以免后期用到这些原始文件时，还需重新下载。

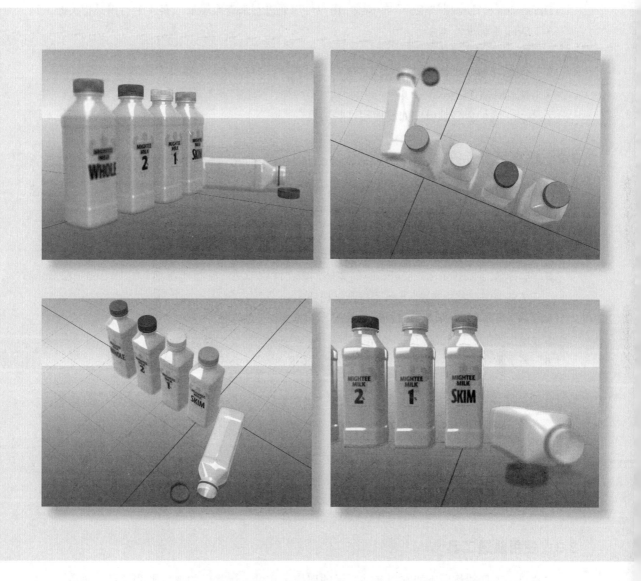

　　Dimension 中的 Camera（相机）工具可以帮助用户改变场景的视角，以不同的角度和透视关系来观察模型。

3.1 什么是相机

创作一个 3D 场景时，我们经常需要从不同的角度来查看这个场景。例如，如果想要把一个花瓶精确地摆放在桌面上，那么需要眼睛与桌面齐平，这样才能看到花瓶什么时候可以正好与桌面贴合。从上面往下看很难确定花瓶是漂浮在桌子上方还是放在桌子上面。

Dimension 使用虚拟"相机"的概念，用户可以通过它来查看场景。有 4 个与相机相关的工具：

- Orbit（轨道）工具。
- Pan（平移）工具。
- Dolly（推拉）工具。
- Horizon（地平线）工具。

在本课，我们将仔细研究如何使用这些工具。

3.2 保存相机标签

相机标签可以保存场景的特定视图。这样，在使用相机工具更改视图之后，用户可以快速、轻松地返回视图。在本课中，我们将会打开一个文件，并保存场景初始视图的相机标签。

1. 打开 Adobe Dimension。
2. 单击 Open（打开）按钮，或选择 File（文件）>Open（打开）。
3. 选择名为 Lesson_03_begin.dn 的文件，该文件位于用户复制到硬盘上的 Lessons>Lesson03 文件夹中，然后单击 Open（打开）按钮。
4. 单击屏幕顶端的 Camera Bookmarks（相机标签）图标。
5. 单击添加按钮 + 以新建一个相机标签。
6. 若要重命名标签，输入 Starting view 并按 Return/Enter 键，如图 3.1 所示。

图3.1

3.3 使用轨道工具

"轨道"工具的作用正如它的名字所示的那样：它可以让我们的视线围绕场景"轨道"运行，从不同的角度观察模型。我们的视线可以在场景中上下、顺时针、逆时针移动。而且，我们甚至可以把相机移到"地下"，从地面下方往上看。举个例子，假设地面是湖面上的冰，借助"轨道"工具，我们可以潜入湖中，将相机对准冰面上的场景，然后透过透明的冰层观看整个场景。

1. 在工具面板中选择"轨道"工具（键盘快捷键:1）。
2. 在屏幕上从右向左拖曳鼠标，以逆时针的方向围绕场景进行移动。
3. 选择 Camera（相机）> Camera Undo（撤销相机）以重置为初始视图。
4. 在屏幕上从左向右拖曳鼠标，相机以顺时针方向绕轨道运行。
5. 将鼠标指针从屏幕底部拖动到屏幕顶部，可以从地面下面查看场景。

正如之前所述，地面上的网格线从上面看是黑色的，从下面看是红色的。这样的区别用于标记场景的视角。如果看到红线，说明此时我们是在透过地面向上看。如果看到黑线，说明此时我们是在俯视地面。

6. 单击"相机标签"图标。
7. 单击 Starting view 返回场景初始视图。

> **提示**：如果你的鼠标是双按钮鼠标，那么也可以用鼠标右键拖动，同时选择其他工具来使用"轨道"工具。

> **注意**：当你在画布上工作时，你可以从画布下面"看到"整个地板。但是如果你试图从画布下面渲染视图，那么你将看不到任何在地板之上的模型，因为地板在渲染时是不透明的。

使用轨道工具检查场景

"轨道"工具可以改变场景视图，这可以帮助我们精准对齐场景中的物体。

1. 使用"轨道"工具进行拖曳，直到可以从右边直接看到模型为止，如图 3.2 所示。

图3.2

2. 选择 Camera（相机）>Frame All（所有帧）。此命令可以使场景中的所有模型处于屏幕中心并填满整个屏幕。
3. 单击"相机标签"图标。
4. 单击添加按钮以新建一个相机标签。

5. 若要重命名标签，输入 Right side view 并按 Return/Enter 键，如图 3.3 所示。

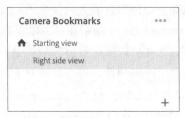

图3.3

从这个角度（右边）看，可以看到红色瓶子和蓝色瓶子之间的空间比其他瓶子之间的空间大。现在我们来解决这个问题。

6. 选择"选择并移动"工具（键盘快捷键 :V）。

7. 单击"场景"面板中的 Whole milk–red 以选择带红色瓶盖的瓶子。在"场景"面板中选择模型，可以确保选中的是整个模型，而不仅仅是瓶身或瓶盖。

8. 将蓝色箭头向右拖动，直到瓶子的间距相等为止，如图 3.4 所示。

图3.4

9. 选择"轨道"工具（键盘快捷键 :1）。

10. 拖曳"轨道"工具，直到可以看到模型的后面，如图 3.5 所示。

图3.5

11. 单击"相机标签"图标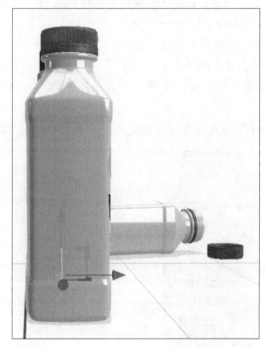。

12. 单击添加按钮⊞以新建一个相机标签。

13. 若要重命名相机标签，可以输入 Column view 并按 Return/Enter 键。

从这个角度观察，可以看到有一个直立的瓶子没有与其他瓶子对齐。现在我们来解决这个问题。

14. 选择"选择并移动"工具（键盘快捷键：V）。

15. 选择"场景"面板中的 1 percent-yellow 模型。

16. 将红色箭头向右拖动，直到瓶子对齐为止，如图 3.6 所示。

图3.6

17. 单击"相机标签"图标。

18. 单击 Starting view 返回场景初始视图。

3.4 使用平移工具

Pan（平移）工具用于相机的左、右、上、下的移动。平移不同于轨道运动，从右到左平移相机时，视角像沿着一条直线走过场景，而不是绕着场景走。从屏幕顶部平移到屏幕底部时，地平线保持固定，看起来就像是在爬梯子。

1. 选择"平移"工具（键盘快捷键：2）。

2. 在屏幕上从右向左拖动，将场景从右向左平移。

3. 选择 Camera（相机）>Camera Undo（相机撤销）以恢复到初始视图。

4. 从屏幕底部拖动到屏幕顶部，可以从地面下面来查看场景。注意，当垂直平移时，基准地平面仍然在屏幕的同一个位置上。

> **Id** | **提示**：如果你有一个三键鼠标，可以用鼠标中间的按钮（或鼠标滚轮）来拖动相机。

5. 单击"相机标签"图标 🎥。

6. 单击 Right side view 进入场景侧视图。

7. 选择"选择并移动"工具（键盘快捷键 :V）。

8. 在"场景"面板中单击 Whole milk–red 模型以选择它。

9. 选择 Camera（相机）>Frame Selection（选择帧）。

10. 这样会重新定位相机，使屏幕上的瓶子居中。

11. 选择"平移"工具（键盘快捷键 :2）。

12. 在屏幕上从右向左拖动该工具，将场景从右向左平移，直到屏幕上出现绿色和紫色的瓶子。

从这个角度观察，可以看到这两个瓶子是相交的，如图 3.7 所示。现在我们来解决这个问题。

图3.7

13. 选择"选择并移动"工具（键盘快捷键 :V）。

14. 在"场景"面板中选择紫色瓶子模型。

15. 向右拖动蓝色箭头，直到两个瓶子不再相交，如图 3.8 所示。

图3.8

3.5 使用推拉工具

Dolly（推拉）工具可以让相机靠近或远离场景。这个工具的名字来自电影和电视制作中使用的轮式摄像机"dollies"。

1. 选择"推拉"工具（键盘快捷键:3）。
2. 使用"推拉"工具从屏幕底部拖动到屏幕顶部，或者从左到右拖动，这样可以让相机靠近场景，从而放大模型视图。
3. 使用"推拉"工具从屏幕顶部拖动到屏幕底部，或者从右向左拖动，这样可以让相机远离场景，从而缩小模型视图。
4. 单击"相机标签"图标。
5. 单击 Starting view 以返回场景初始视图。

> **注意**：根据鼠标首选项在计算机上的配置方式的不同，拖动"推拉"工具的方向可能与这里描述的相反。

> **提示**：选中其他工具时，也可以通过鼠标滚轮来使用"推拉"工具。

3.6 使用地平线工具

"地平线"工具用于在场景中上下移动地平线或者调整地平线的倾斜角度。此工具可用于在

2D 图像中放置 3D 模型。

1. 选择 File（文件）>Import（导入）>Image as Background（将图像作为背景），如图 3.9 所示。

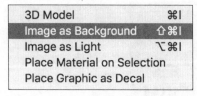

图3.9

2. 选择 Simple_background.psd 文件，该文件位于用户复制到硬盘上的 Lessons>Lesson03 文件夹中，然后单击 Open（打开）按钮。

3. 在 Actions（操作）面板中，单击 Match Image（图像匹配），如图 3.10 所示。

图3.10

4. 选择调整画布大小的选项，并取消选择创建环境光和匹配日光的选项。

注意，在本例中，Match Camera Perspective（匹配相机透视图）选项不可用，如图 3.11 所示。因为本例中的背景图像没有任何透视线来确定消失点。

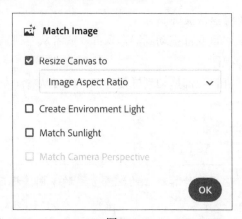

图3.11

5. 单击 OK 按钮。

6. 选择"地平线"工具（键盘快捷键 :N）。

因为这个背景图像不包含任何透视线来帮助它确定消失点和地平线，所以需要手动设置地平线。

7. 拖动图像中蓝色地平线中间的手柄，直到它与背景图像的棕褐色和灰色区域之间的地平线对齐，如图 3.12 所示。

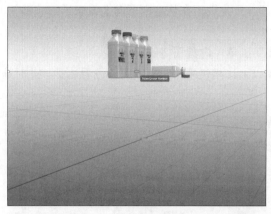

图3.12

8. 如果场景的地平线是倾斜的，向上拖动地平线右侧的圆形选择手柄，如图 3.13 所示。

图3.13

9. 选择 Camera（相机）>Camera Undo（相机撤销）以返回到地平线水平时的视图。场景中的瓶子有点小，可以通过"推拉"工具来解决这个问题。

10. 选择"推拉"工具（键盘快捷键 :3）。

11. 向上拖动图像以放大瓶子的视图，如图 3.14 所示。

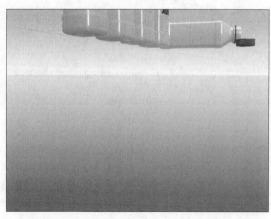

图3.14

现在看不到瓶子的顶部，且我们正在从地面下向上看瓶子的底部。但是地平线仍然保持原样，因此很容易就可以修正图像。

12. 再次选择"地平线"工具（键盘快捷键 :N）。

13. 在场景中向下拖动以上移相机视角，从而可以俯看瓶子。此时地平线仍然保持原样，如图 3.15 所示。

图3.15

14. 如果有需要，可以选择"推拉"工具，拖动图像中的瓶子以进行放大，如图 3.16 所示。然后切换到"地平线"工具，在图像中上、下、左、右地拖动来重新定位相机。

图3.16

15. 单击"相机标签"图标 。

16. 单击添加按钮 以新建一个相机标签。

17. 若要重命名标签，请输入 Final view 并按 Return/Enter 键，如图 3.17 所示。

18. 选择"轨道"工具（键盘快捷键 :1）。

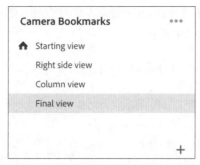

图3.17

19. 环绕图片进行拖动以改变视角。

20. 选择"地平线"工具（键盘快捷键 :N）。现在设置的地平线可能与背景中的地平线不对齐。这是因为"轨道"工具只调整场景中 3D 模型的视图，而不调整背景图像。

21. 使用"地平线"工具重新定位背景图像上的地平线。地平线移动后，可能还需要用"地平线"工具将图像向上拖动，降低相机的高度以获得更好的视角，如图 3.18 所示。

图3.18

3.7 使用相机标签

相机标签可以保存相机视角，用户可以在任何时候快速返回到标签所保存的视角。现在我们来详细介绍下相机标签。

1. 在前面的内容中，我们保存了一个名为 Final view 的相机标签。但是保存标签后，我们又对相机的角度和透视做了一些更改。要想更新标签，可以单击"相机标签"图标。

2. 将鼠标指针悬停在 Final view 标签上，然后单击 Update to Current View（更新到当前视图）图标，更新标签以匹配当前相机的角度和透视。

3. Starting view 标签旁边有一个 Home（主）图标，它的功能与选择 Camera（相机）>Switch to Home View（切换到主视图）命令（键盘快捷键：Command+B/Ctrl+B）的作用

相同。将鼠标指针悬停在 Final view 标签左侧空白处，然后单击浅灰色的主图标，将此视图设置为主视图，如图 3.19 所示。

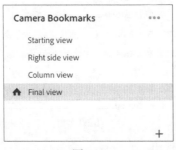

图3.19

注意：Dimension 文件中保存的相机标签的数量没有限制。

提示：可以使用 Page Up 和 Page Down 键来查看"相机标签"面板中的每个视图。保存相机标签的另一个原因是：使用渲染视图时，在 Dimension 中用户可以渲染特定的相机视图。所以，我们可以保存一个场景中的几个不同的相机视图，然后一次性渲染所有的视图。

3.8 景深模拟

景深（Depth of field）是一个摄影术语，指的是当按下快门时，被拍摄的场景有多少是清楚的。根据镜头和光线的不同，景深实际上可能是无限的（所有的部分都是清楚的），也可能是很浅的（只有特定距离内的物体才是清楚的，其他部分都是模糊的）。在 Dimension 中，我们可以通过控制焦点来模拟这个摄影原理。

1. 在场景（Scene）面板中，选择 Camera（相机），如图 3.20 所示。

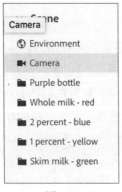

图3.20

2. 在"属性"面板中，单击 Focus（对焦）右侧的开关可以切换 Focus（对焦）选项，从而打开 / 关闭对焦控制，如图 3.21 所示。

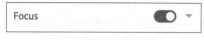

图3.21

3. 单击 Set Focus Point（设置焦点）按钮，然后单击黄色瓶盖。屏幕中出现的 ⊞ 图标用于指示场景中的焦点。

4. 将 Blur Amount（模糊值）设置为 10，如图 3.22 所示。

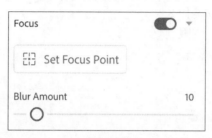

图3.22

5. 画布上展现了场景的粗略预览。若要查看焦点操作的更精确的结果，请单击 Render Preview（渲染预览）图标 ▥，结果如图 3.23 所示。

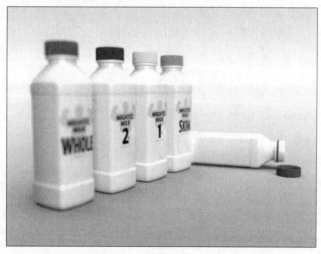

图3.23

3.9 复习题

1. 哪个工具可以使相机接近或远离场景?
2. 平移(Pan)工具的作用是什么?
3. 保存相机标签的目的是什么?
4. 相机标签保存的数量有限制吗?
5. Dimension 如何模拟景深?

3.10 复习题答案

1. Dolly(推拉)工具可以使相机移动到离场景更近或更远的地方。
2. Pan(平移)工具用于左、右、上、下地移动相机,同时保持视角不变。
3. 保存相机标签可以让用户在任何时候快速返回到场景的特定视图。相机标签也可以保存以后要呈现的特定视图。
4. 一个文件可以保存的相机标签的数量没有限制。
5. Properties(属性)面板中的Focus(对焦)选项可以模拟场景中的景深。

第4课　了解渲染模式

课程概述

在本课中，用户将了解如何渲染 3D 场景，并学习以下内容。

- Dimension 中渲染的 3 个方式，以及 3 个渲染方式之间的差别。
- 在画布上渲染的局限性。
- 渲染速度和质量之间的权衡。
- 如何实现高质量的渲染图像。

学习本课内容大约需要 45 分钟。启动 Adobe Dimension 之前，请先在异步社区将本书的课程资源下载到本地硬盘中，并进行解压。在学习本课时，请打开相应的课程文件。建议先做好原始课程文件的备份工作，以免后期用到这些原始文件时，还需重新下载。

　　Dimension 的渲染模式可以从 3D 模型中生成 2D 场景，包括真实的光、阴影、材料和反射等。

4.1 什么是渲染

渲染是指从一个或多个三维模型生成逼真的二维场景的过程。

Dimension 使用一种被称为射线跟踪的渲染形式。射线跟踪可以这样理解：计算机必须计算场景中的每个像素返回到相机的路径，并根据环境光照、日光、表面的材料和来自其他对象的反射来计算该像素的颜色。这个过程需要大量的计算能力，而且对于现在的计算机来说，在编辑场景时实时完成这一任务过于复杂。

因此，Dimension 提供了 3 个级别的渲染方式：在 Dimension 中编辑 3D 场景时粗略地在画布上渲染、渲染预览和渲染模式，如图 4.1 所示。

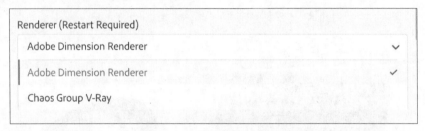

图4.1

注意：Dimension 使用 Adobe 专有的射线跟踪渲染程序。Dimension 的早期版本使用了 Chaos Group 开发的光线跟踪渲染器。如果用户需要用到早期版本的渲染程序，可以在 Dimension 的首选项中切换渲染器（Mac：Adobe Dimension CC>Preferences；Windows：Edit> Preferences）。

4.2 在画布上渲染

用户在设计模式中放置 3D 模型时，Dimension 会在画布上显示生成场景的真实预览。因为对场景的精确渲染非常耗时，所以这个画布上的预览只是与最终场景粗略近似。画布预览中显示的效果特别粗糙，显示的内容有：

- 3D 模型在地面上投射的阴影；
- 应用于 3D 模型表面的玻璃等半透明材料；
- 景深。

在画布预览中根本不显示的内容有：

- 一个模型在另一个模型上的反射；
- 模型在地面上的反射。

1. 打开 Adobe Dimension。
2. 单击 Open（打开）按钮，或选择 File（文件）> Open（打开）。
3. 选择 Lesson_04_begin.dn 文件，该文件位于用户复制到硬盘上的 Lessons>Lesson04 文件夹中，然后单击 Open（打开）按钮。

4. 注意，这个场景在画布上呈现时会有一些限制。这两个 3D 模型所投射的阴影边缘比较生硬，如图 4.2 所示。

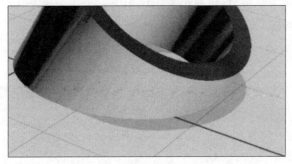

图4.2

用户可能希望看到管道模型的银色闪光表面会反射出部分的木头模型，但实际上反射是不可见的，如图 4.3 所示。

图4.3

5. 在 Scene（场景）面板中选择 Environment（环境），如图 4.4 所示。

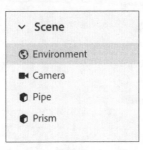

图4.4

6. 在"属性"面板中单击 Ground Plane（基准地平面）右侧的三角图标，显示 Ground Plane（基准地平面）选项。

因为 Reflection Opacity（反射不透明度）被设置为 10%，所以用户期望在地平面上能看到 3D 模型的轻微反射，但是在画布预览中没有反射。

画布上的预览主要用于判断 3D 模型在场景中的位置、大小和放置形式。想要准确地看到材料、表面和光线，必须渲染场景。

4.2.1　渲染预览

用户可以通过渲染预览窗口来很好地了解最终渲染的效果，但是预览的质量比较一般，所以当用户编辑场景时，渲染预览可以快速更新。

1. 单击工作区域右上角的 Render Preview（渲染预览）图标![图标]。
2. 等待渲染预览更新。
3. 单击"渲染预览"窗口顶部的 Toggle Fullscreen（全屏切换）图标![图标]，查看更大的预览页面。
4. 注意，在"渲染预览"页面的阴影中出现了粗糙的噪点，如图 4.5 所示。这是渲染预览的一个缺点。

图4.5

"渲染预览"窗口全屏显示时，用户可以在"属性"面板中调整相应设置。

5. 在"场景"面板中，单击 Environment（环境）。
6. 在"属性"面板中，打开 Sunlight（日光）。
7. 将 Rotation（旋转）的值更改为 130°，如图 4.6 所示。

图4.6

此时用户可以看到新的阴影。此阴影来自日光，它出现在物体的左边。

8. 单击"渲染预览"窗口右上角的关闭图标 ✖ 来关闭面板。

9. 在"属性"面板中，关闭 Sunlight（日光），如图 4.7 所示。

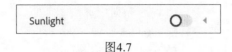

图4.7

Id | 提示："\" 键可以显示和隐藏渲染预览窗口。

4.2.2 渲染模式

想要看到场景的精确视图，必须用渲染模式对场景进行渲染。

1. 在进入渲染模式之前，单击屏幕顶部的"相机标签"图标 📷。

这个文件保存了 5 个标签，如图 4.8 所示。

图4.8

2. 依次单击每个标签，查看每个视图的外观。

3. 完成后，单击 Front view 标签返回该视图。

4. 单击屏幕顶部的 Render（渲染）选项卡进入渲染模式，如图 4.9 所示。

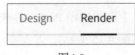

图4.9

在渲染模式下，可以看到所有的 5 个相机标签都显示在 Render Setting（渲染设置）面板的顶部。这个功能方便用户同时渲染一个场景的多个相机视图。由于渲染非常耗时，因此在 Dimension 中可以让多个场景排队进行渲染，这个过程可以在用户不使用计算机时进行，如图 4.10 所示。

图4.10

现在，只需要选择 Current View 即可。

5. 在 Export Filename（导出文件名）字段中输入 My_Lesson_04_end LOW，如图 4.11 所示。Dimension 会将视图的名称附加到文件名的末尾，因此该文件将被导出为 My_Lesson_04_end LOW-Current View 格式。

6. 如需更改导出位置，可以单击蓝色导出路径并选择新的导出位置，如图 4.12 所示。

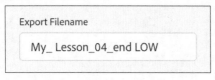

图4.11

图4.12

7. 在 Quality（质量）设置中，选择 Low（Fast），如图 4.13 所示。

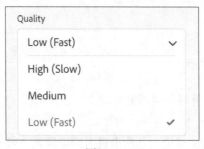

图4.13

8. 在 Export Format（导出格式）下取消选择 PSD，并选择 PNG，如图 4.14 所示。

9. 单击 Render（渲染）按钮，如图 4.15 所示。

图4.14

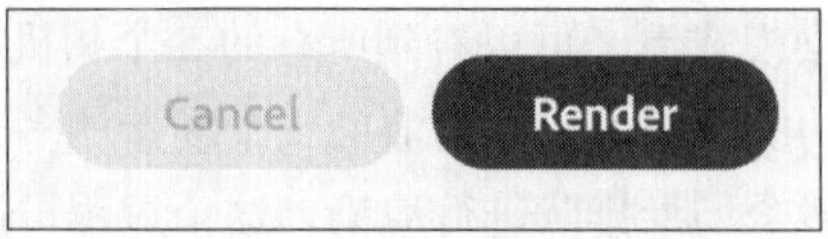

图4.15

10. 等待渲染完成。

在使用 3 年左右的 MacBook Pro 计算机上，渲染时间约为 1 分 23 秒。如果用户不想等待渲染完成，那么在本书资源（Lesson_04_end LOW-Current View.png）中有已经保存好的渲染文件的副本。

 注意：虽然在渲染文件时用户不能继续在 Dimension 中工作，但可以继续在计算机上的其他应用程序中工作。如果用户在操作系统中打开了通知，那么渲染完成后将收到一个通知。

11. 现在将 Quality（质量）设置改为 High（Slow）。

12. 将文件名更改为 My_Lesson_04_end HIGH。

13. 单击 Render（渲染）按钮，如图 4.16 所示。

图4.16

等待渲染完成。这张渲染图在同一台计算机上花了将近 6 分钟。如果用户不想等待渲染完成，那么可以在本书资源 (Lesson_04_end HIGH-Current View.png) 中找到已经保存好的文件副本。

渲染文件时，Render Status（渲染状态）面板会显示一个进度条，该进度条提供了大致的渲染完成量，如图 4.17 所示。

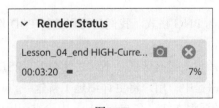

图4.17

4.3　渲染速度和质量

如我们所见，渲染模式中有 3 种可用的质量设置：Low（Fast）（低（快））、Medium（中）、High（Slow）（高（慢）），如何选择这些设置呢？

1. 使用 Adobe Photoshop 打开刚才渲染好的两个文件，当然也可以打开课程文件中的 Lesson_04_end HIGH-Current View.png 和 Lesson_04_end LOW-Current View.png 文件。
2. 仔细观察这些文件。可以看到低质量的渲染（左图）包含了大量的噪点，在阴影中特别明显。高质量渲染（右图）噪点更少，阴影更平滑，如图 4.18 所示。

图4.18

我们需要确定所需渲染的质量。渲染可能会非常慢。我们打开的这个文件的大小只有 1200 像素 × 800 像素。更大、更复杂的文件可能需要更长的渲染时间。

4.4　渲染输出格式

到目前为止，渲染的格式为 PNG 格式。我们还可以选择 PSD 作为输出格式。那么以 PSD 格式输出的渲染文件有哪些优点？

这两种格式在渲染图像的质量上没有区别。不同之处在于，PSD 文件包含额外的图层和蒙版，便于编辑 2D 场景。在后面的课程中，用户将更详细地了解这一点。现在，打开名为 Lesson_04_end HIGH-Current view.PSD 的课程文件，在 Photoshop 中检查图层面板，查看 PSD 渲染中包含的额外数据。

影响渲染速度的因素

渲染一个场景所需的时间会根据文件的不同而有很大的不同，还受到许多其他因素的影响。我们将这些因素以从比较重要（硬件）到比较不重要（内存）的顺序进行排序。

- **硬件**

    CPU的速度对渲染速度有很大的影响。一般来说，处理器运行得越快，渲染完成得就越快。拥有更多核心和更高速度的现代CPU会渲染得非常快。

- **材料**

    与其他因素相比，场景中使用的材料组合对渲染场景所需的时间长短有很大的影响。一般来说，像玻璃、液体或凝胶这样的半透明材料的渲染速度比其他材料的慢。

- **反射**

    光滑表面的反射会降低渲染速度。这包括反射到周围其他物体光滑表面上的物体，以及在反射不透明度大于零的地平面上反射的物体。

- **对焦**

    对焦特性模拟了景深，这导致一些对象出现虚化，而另一些对象渲染速度变慢。

- **画布大小**

    画布的总像素尺寸影响渲染速度。像素越大，渲染时间越长。

- **模型的数量和复杂性**

    场景中模型的数量和复杂性并没有对渲染速度产生很大的影响。

- **内存**

    计算机上的内存大小对渲染速度几乎没有影响。

4.5　复习题

1. 什么是射线追踪?

2. 3D 模型被渲染成 2D 场景的 3 个位置是什么?

3. 反射会出现在画布预览中吗?

4. 渲染预览最明显的限制是什么?

4.6　复习题答案

1. 射线追踪是指渲染引擎使用的渲染方法。射线跟踪执行复杂的数学计算来确定场景中每个像素的精确颜色。

2. 2D 场景可以在 3 个位置执行渲染:在画布上预览、渲染预览窗口和渲染模式。

3. 没有。物体在地面和其他物体上的反射不会出现在画布预览中。

4. 因为渲染预览的渲染速度越快越好,所以会出现很多噪点,尤其是在阴影中。

第5课　查找3D模型并使用CC库

课程概述

在本课，用户将导入各种来源的模型，并学习以下内容。

- 为什么 Dimension 中包含的预设模型是学习 Dimension 的好起点。
- 如何使用 Adobe Stock 查找 3D 对象。
- 如何从 Adobe Stock 中下载模型并在场景中使用。
- 如何在 Dimension 上使用 CC 库。
- 如何将其他行业标准文件格式的 3D 模型导入 Dimension 中。

学习本课内容大约需要 45 分钟。启动 Adobe Dimension 之前，请先在异步社区将本书的课程资源下载到本地硬盘中，并进行解压。在学习本课时，请打开相应的课程文件。建议先做好原始课程文件的备份工作，以免后期用到这些原始文件时，还需重新下载。

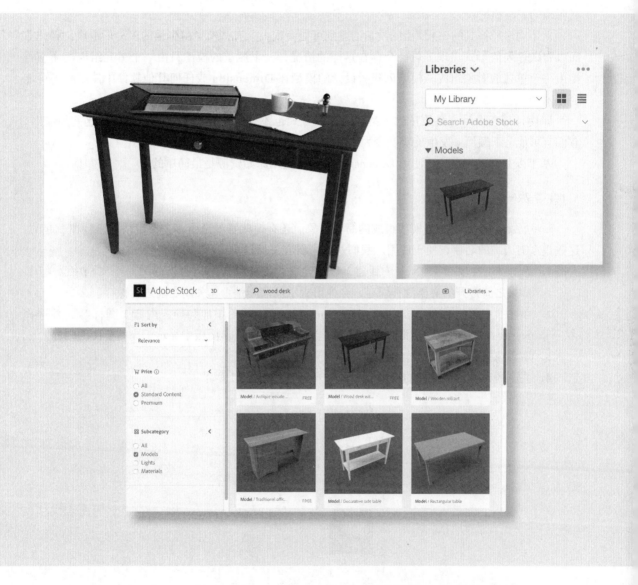

用户从 Adobe Stock 获取 3D 模型时，可以将其先下载到一个在线的库中，然后再将其从库中放置到场景中。

5.1 使用原始资源

正如第4课所讲，Dimension自带了许多3D模型、材料、灯光和背景图像，我们可以使用它们创建3D场景。将Dimension中的3D模型作为初始资源，对于3D场景的构建非常有用。这些模型在尺寸上经过精心调整，它们将以合适的尺寸导入场景，并在场景中位于合适的坐标，且具有明确的表面和材料。

从不同途径找到的3D模型的质量的差别可能会很大。有些模型由少量的多边形组成，因此曲面以直线序列的形式出现。可能会存在这样的情况，一个瓶子的模型只由一个单元组成，而瓶盖则由一个单独的对象组成。模型创建者设计的模型在Dimension或任何其他软件中使用起来可能会很困难。

即使是精心设计、高质量的模型，保存的方式也不一致：在Dimension中打开这些模型时，它们有可能上下颠倒、发生旋转、变大或者变小，也可能是某种不可预测的方式。

基于以上原因，在熟悉使用Dimension之前，使用原始资源是最简单的。

5.1.1 原始资源简介

一些原始资源是由单个模型组成的简单对象。还有一些资源是由多个模型精心组合在一起的。这些模型有明确的名字，便于使用。我们一起来看看下面这个资源是如何组装的。

1. 选择File（文件）>New（新建）以创建一个新文档。当前打开的另一个文档将会关闭。如果之前打开的文档没有保存，会弹出提示框询问是否在关闭之前进行保存。
2. 单击"工具"面板顶部的Add and Import Content（添加和导入内容）图标 ⊕，并选择Starter Assets（原始资源）。屏幕左侧会显示内容面板，面板中显示了原始资源的内容。
3. 取消选择Filter By（过滤）选项。
4. 在"内容"面板顶部的搜索框中输入laptop，如图5.1所示。

图5.1

Id | **注意**：确保选中了Models（模型）选项。

---

5. 单击 16:10 Laptop 模型，将模型放入场景中。此时，笔记本计算机位于场景中央。

6. 选择"推拉"工具（键盘快捷键 :3）。

7. 在屏幕上向下拖曳以远离模型，这样用户可以在屏幕上看到整个笔记本计算机。

8. 在"场景"面板中，可以看到笔记本计算机模型是由 8 个模型组成的一组资源，每个模型都有明确的名字，如图 5.2 所示。

图5.2

在"场景"面板中，▢图标表示打开的组，▣图标表示关闭的组。单击图标可以打开或关闭对应的组。

9. 将鼠标指针悬停在"场景"面板中的 Laptop Body 模型上，单击单词 Laptop Body 右侧显示的向右箭头图标▣。在"属性"面板中会出现一个新视图，该视图显示应用于计算机机身模型的材料。

10. 选择 Frame Material 材料后，查看"属性"面板，可以看到 Laptop Body 模型的材料属性被设置为看起来很真实的灰色金属，如图 5.3 所示。（你可以将其更改为你想要的任何材料。）

图5.3

11. 单击"场景"面板中的后退箭头 ← 返回以查看面板中的模型。

12. 将鼠标指针悬停在"场景"面板中的 Glass 模型上，单击 Glass 右侧显示的向右箭头图标 › 。"属性"面板中会出现一个新视图，该视图显示应用于玻璃模型的材料。

13. 查看"属性"面板，Translucence（半透明属性）是为屏幕上的玻璃外观设置的，如图 5.4 所示。

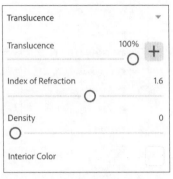

图5.4

14. 单击"场景"面板中的后退箭头 返回以查看面板中的模型。

原始资源具有易于识别和明确命名的组、模型和预应用材料，让用户可以更容易地使用模型。

> **Id** 　**注意**：使用键盘快捷键可以显示和隐藏内容面板。

5.1.2　修改原始资源

由一组标记清楚的子模型组成的模型有一个很大的优点，那就是可以像转换组一样转换子模型。就这个笔记本计算机模型而言，用户可以旋转屏幕，也可以打开或关闭屏幕。

1. 在"场景"面板中，单击 Keyboard 模型。

2. 按住 Shift 键，然后单击 Trackpad Frame 模型和 Laptop Body 模型以全选 Keyboard 模型、Trackpad Frame 模型和 Laptop Body 模型，如图 5.5 所示。

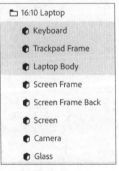

图5.5

Id 提示：与大多数 Adobe 设计软件一样，编组的快捷键是 Command+G（Mac）或 Ctrl+G（Windows），取消编组的快捷键是 Command+Shift+G（Mac）或 Ctrl+Shift+G（Windows）。

3. 选择 Object（对象）>Group（编组）将选择的 3 个模型编为一个组。

4. 双击组的名称进行编辑，将其命名为 Body，如图 5.6 所示。

图5.6

5. 在"场景"面板中，单击 Screen Frame 模型。

6. 按住 Shift 键，然后单击 Glass 模型，在"场景"面板中选择 Screen Frame、Screen Frame Back、Screen、Camera 和 Glass 模型，如图 5.7 所示。

图5.7

7. 选择 Object（对象）>Group（编组），将选择的 5 个模型编为一组。

8. 双击组名进行编辑，并将其命名为 Screen，如图 5.8 所示。

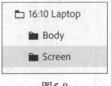

图5.8

9. 选择"选择并旋转"工具（键盘快捷键 :R）。

10. 单击"属性"面板中的 Screen 组，选择构成计算机屏幕的模型。

11. 在"属性"面板中，选择 Pivot 下的 Bottom Center，如图 5.9 所示。

图5.9

12. 拖动画布中的旋转工具上的红色箭头，直到"属性"面板中的 X 轴的旋转值大约为 70°，如图 5.10 所示。

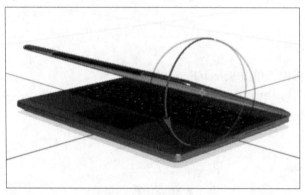

图5.10

> **Id** **注意**：在一些 3D 建模软件中，用户可以从头开始创建模型。这些模型包含了组成模型部件的装配方式。例如，一个装配好的笔记本计算机模型，你可以打开或关闭笔记本计算机屏幕，但不能将其与笔记本计算机基座分离，也不能将其向前或向后滑动。Dimension 忽略了这些可能出现在一个三维模型中的装配结构。

> **Id** **注意**：就像在 Dimension 中可以打开原始资源一样，Adobe Stock 上可用的所有 3D 资源都经过精心优化以在 Dimension 中打开。用户可以将它们导入到合适大小的场景中，并将其放置在合适的位置。这些资源都具有明确命名的模型、组和材料。

5.2 查找 Adobe Stock 中的资源

在 Adobe Stock 中可以获得免版税的图像、视频、艺术品、模板和 3D 资源，包括模型、材料和灯光。用户可以通过 Adobe Stock 官网访问，也可以在 Creative Cloud 应用程序中访问。购买资源的方式有很多种，例如订阅选项。有关定价信息，请参阅 Adobe Stock 官网。

5.2.1 找到免费的 Adobe Stock 模型

Adobe Stock 是一个不断更新的、拥有数千个 3D 模型的库。这些模型中有几百个是免费的，即使没有订阅，用户也可以使用这些模型。

1. 单击"工具"面板顶部的 Add and Import Content（添加和导入内容）图标⊕。

2. 选择 Browse Adobe Stock（浏览 Adobe Stock）。

假设浏览器为打开状态，Adobe Stock 中的一个管理页面被打开，该页面显示了 Adobe Stock 提供的许多免费 3D 模型，如图 5.11 所示。

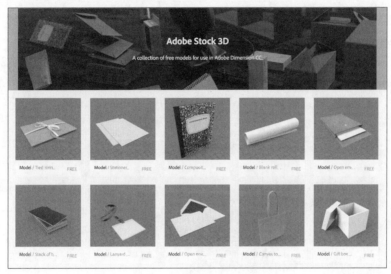

图5.11

5.2.2 找到模型并将其添加到场景中

从 Adobe Stock 购买模型或选择免费模型时，模型会被下载到 Creative Cloud 库。然后，用户需要将模型从 Creative Cloud 库导入 Dimension。

1. 在打开的 Adobe Stock 页面中，在屏幕顶部的搜索框中输入 182469767，然后按 Return/Enter 键，如图 5.12 所示。

图5.12

这是本课中使用的特定桌面模型的 ID 号。这个模型是免费的。

2. 在下载图标◎旁边的下拉列表中，选择要把模型保存到哪个库中。如果用户不熟悉 CC

库，请选择 My Library，如图 5.13 所示。注意，需要登录 Adobe Stock 才能查看库的列表。

图5.13

3. 在 Dimension 中，单击"添加和导入内容"图标❶并选择 CC Libraries。

4. 从 CC Libraries 面板顶部的下拉列表中选择 My Library（或者是在步骤 2 中选择的其他库），如图 5.14 所示。

图5.14

5. 找到 Wood Desk with Single Drawer 模型，单击模型名字将其放置在场景的中心。

6. 选择 Camera（相机）>Frame All（所有帧）以定位相机，这可以看到画布上的整个桌子，如图 5.15 所示。

图5.15

注意： CC 库可用于 Creative Cloud 的所有产品，用户可以通过一些程序存储并在 Creative Cloud 之间共享各种模型。在 Dimension 中，CC 库用于检索由 Adobe Stock 或 Adobe Capture 移动应用程序放置在库中的模型、灯光和材料。

5.2.3　修改场景

Adobe Stock 库中的所有 3D 模型都经过了优化，可以在 Dimension 中使用，这与原始资源非常相似。请注意，桌子模型就像笔记本计算机模型一样，它被添加到场景中心，与基准地平面相贴合。

1. 选择"选择并移动"工具（键盘快捷键：V）。
2. 在"场景"面板中单击 16:10 Laptop，选择笔记本计算机模型。
3. 将绿色箭头向上拖动，直到笔记本计算机模型与桌面贴合。使用"相机"工具更改场景视角，以便在桌面上准确定位笔记本计算机模型。
4. 将红色箭头向左拖动一点，将笔记本计算机移动到桌子的左侧，如图 5.16 所示。

图5.16

5. 选择"选择并旋转"工具（键盘快捷键：R）。
6. 将旋转手柄上的绿色箭头向右旋转，让笔记本电脑在桌面上稍微转动一下，如图 5.17 所示。同样，需要使用"轨道"工具或其他相机工具来改变视角，确定笔记本计算机在桌面上的位置。

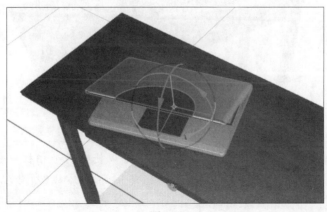

图5.17

5.2.4 给场景添加更多的对象

除了通过浏览器搜索 Adobe Stock 之外，也可以在 Dimension 中的 Creative Cloud Libraries 面板右侧搜索 Adobe Stock。

1. 在 Creative Cloud Libraries 面板的搜索框右侧的下拉列表中，选择 Adobe Stock，如图 5.18 所示。

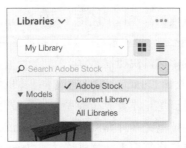

图5.18

2. 在搜索框中输入 MUG，屏幕上会出现几个不同的咖啡杯。如果想要迅速找到想要的模型，在搜索框中输入 172516470，一个白色的咖啡杯会出现。

3. 单击购物车图标 ，将模型保存到库中。可能会出现提示，询问用户是否想要使用该免费模型。单击 OK 按钮。

4. 下载模型可能需要一些时间。下载完成后，单击模型将其添加到场景中。此时，模型位于场景的中心，与基准地平面贴合。在这个场景中，基准地平面是桌子下面的地板。

5. 选择"选择并移动"工具（键盘快捷键：V），拖曳箭头把杯子放在桌面上你想放的地方，如图 5.19 所示。

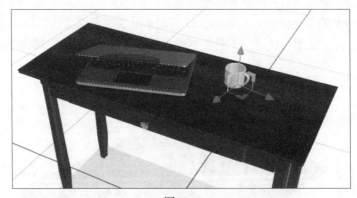

图5.19

> **注意**：在较大场景中定位这种小对象时，可以使用两个相机命令：Camera（相机）>Frame Selection（选择帧）和 Camera（相机）>Frame All（所有帧），前者将用所选对象填充屏幕，后者将用场景中的所有对象填充屏幕。

6. 在 Creative Cloud Libraries 面板的搜索框内输入 notebook，几款笔记本会出现。如果想要快速找到需要的模型，请在搜索框中输入 213242110，一个日记笔记本模型将出现。

7. 单击购物车图标 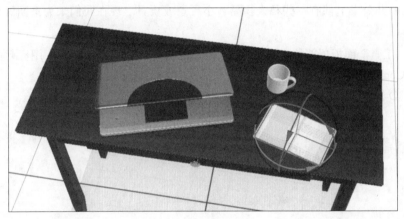，将模型保存到库中。可能会出现提示，询问用户是否想要使用该免费模型。单击 OK 按钮。

8. 下载模型可能需要一些时间。下载完成后，单击模型将其添加到场景中。此时，模型位于场景的中心，与基准地平面贴合。在这个场景中，基准地平面是桌子下面的地板。

9. 选择 "选择并移动" 工具（键盘快捷键 :V），并拖曳箭头将日记笔记本模型放置在桌面上你想放的地方。

10. 选择 "选择并旋转" 工具（键盘快捷键 :R）。

11. 将绿色箭头向左拖动一点来可以旋转笔记本，如图 5.20 所示。

图5.20

5.3 导入其他来源的 3D 模型

除了使用 Adobe Stock 中的原始资源和内容外，Dimension 还将以下列行业的标准格式来导入3D 模型：

- FBX（Filmbox）；
- OBJ（Wavefront）；
- SKP（SketchUp）；
- STL（Stereolithography）。

根据创建模型的人员和使用的软件的技能，3D 模型可以是大型且复杂的。此外，不同的 3D建模程序会以不同的方式将 3D 对象保存到这些标准文件格式中。

能否成功导入这些格式的模型，以及结果模型是否可用，取决于以下 4 个变量。

- Adobe 如何将以上文件格式转换为 Dimension 文件格式？
- 建模人员创建模型的效果如何。例如，如果模型是一个酒瓶，那么建模者是否将瓶中的软木作为一个单独的对象创建，以便用户可以将一个不同的表面应用于软木而不是酒瓶的其他部分？整个酒瓶是一个单独的对象吗？模型是否由足够多的多边形构成，使瓶子的曲线看起来很平滑而不是很复杂？

- 正在使用的建模软件如何准确、一致和可靠地将数据写入给定的文件格式？
- 模型的复杂程度与计算机的处理能力和内存有关。有些模型可能导入得很好，但是速度很慢，因此在 Dimension 上的操作就会很慢，而且没有响应。这是因为导入的模型太复杂了。

模型导入 Dimension 是否成功是不确定的，只能通过尝试才能知道答案。如果一个模型是以 Dimension 文件格式保存的，但没有正确导入，建议通过 Adobe Dimension 反馈网站来报告该问题，同时请务必附上问题文件和问题描述。

5.3.1　导入 OBJ 格式的模型

大多数人的办公桌上都有一些私人物品、小玩意或玩具。现在我们来为桌面添加一个宇航员的玩具模型。

1. 单击"工具"面板顶部的 Add and Import Content（添加和导入内容）图标 ➕，选择 Import Your Content。
2. 单击 3D 模型，如图 5.21 所示。

图5.21

3. 在 MKIII 文件夹中选择名为 MKIII.OBJ 的文件。

模型被放置在 3D 场景的中心，位于桌子下面的地板上。相对于书桌的大小，这个模型比较小。

> **Id**　提示：也可以直接从 Finder (Mac) 或 File Explorer (Windows) 中将模型拖放到场景中。

4. 选择 Camera（相机）>Frame Selection（选择帧），让小模型填满屏幕。
5. 选择"选择并缩放"工具（键盘快捷键 :S）。
6. 在"属性"面板中，单击 Scale（缩放）右边的锁图标 🔒 锁定模型的纵横比。
7. 在 Scale（缩放）下的 X、Y、Z 后输入 5，把宇航员的比例尺放大 5 倍，如图 5.22 所示。

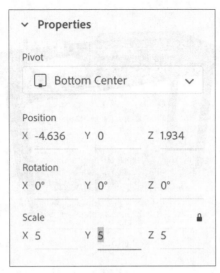

图5.22

8. 选择 Camera（相机）>Frame All（所有帧），查看所有的模型。

9. 使用"选择并移动"工具和"选择并旋转"工具将宇航员模型放置在桌面，如图 5.23 所示。

图5.23

> **Id** **注意**：宇航员模型来自 NASA 提供的免费 3D 模型库。

10. 单击 Render（渲染）选项卡即可渲染场景。如果你想查看已渲染完的场景，请在 Photoshop 中打开 Lesson_05_end_render.psd 文件，如图 5.24 所示。

图5.24

5.3.2　3D 模型的其他来源

出售 3D 模型的网站比较多，大概有几十个。由于 3D 模型和文件格式的复杂性，最好从信誉良好的供应商处购买模型，如果模型无法导入 Dimension，这些供应商将提供支持。

以下是 Stock 中一些 3D 模型的来源：

- CGTrader ；
- Sketchfab ；
- Turbosquid。

网上也有各种免费的 3D 模型资源库：

- 3D Warehouse ；
- GrabCAD ；
- National Institutes of Health ；
- Smithsonian ；
- Traceparts。

在Photoshop中创建用于Dimension的三维模型

在Photoshop创建的三维模型可以在Dimension中使用。创建模型的步骤如下。

1. 在Photoshop中，新建一个1000px×1000px的文档。
2. 使用Type工具创建一个文字或一行文字。
3. 把文本放大。
4. 从选定的图层中选择3D>New 3D Extrusion。

5. 如果弹出提示询问是否要切换到3D工作区，单击Yes按钮。

6. 使用"属性"面板尝试Shape Preset（形状预设）、Extrusion Depth（挤压深度）等设置。

7. 完成想要的模型后，选择3D>Export 3D Layer（导入3D图层）。

8. 选择Wavefront|OBJ作为3D文件格式，然后单击OK按钮。

9. 给文件命名，将其保存在计算机文件夹中。

10. 在Dimension中，创建一个新文件。

11. 选择File（文件）>Import（导入）>3D Model（3D模型）。

5.4 识别导入 3D 模型时潜在的问题

从原始资源或 Adobe Stock 中放置在场景中的模型会以可靠、一致的方式导入 Dimension 中。但是，从其他来源获得的模型在导入 Dimension 时，却不确定能否成功。下面一起来看一些潜在的问题以及解决方案。

5.4.1 模型出现比例失调

模型的创建者并不知道用户想要使用多大的模型，所以模型的尺寸可能非常大，也可能非常小。一般情况下，可以使用"选择并缩放"工具（键盘快捷键:S）来缩放对象，或者使用"推拉"工具（键盘快捷键:3）来放大或缩小对象的视图。

有时，一个对象在导入后会非常大，以至于该对象上的一个小表面就填满了整个屏幕，用户很难对该对象进行缩放或缩小。在这种情况下,Camera（相机）>Frame Selection（选择帧）命令（键盘快捷键:F）可以缩放视图，使整个对象以合适的视图大小出现在屏幕上。

5.4.2 位于可视区域外的对象

有时，对象不会出现在 Dimension 窗口的任何位置。这是由于对象的坐标定位与 Dimension 的坐标系不一致造成的。

当这种情况发生时，屏幕的边缘会出现一个蓝点图标◉。单击此图标来定位屏幕，此时就可以看到导入的对象。

5.4.3 位于地面以下的物体

有时一个物体没有出现在屏幕上，是因为它完全在地面以下。选择 Object（对象）>Move to Ground（移动到地面）来将对象快速移动到地面上，使其出现在视野之内。

5.5 复习题

1. 这些文件格式中哪些可以作为 3D 模型导入 Dimension 场景中？
   PSD
   OBJ
   MTL
   CAN

2. Adobe Stock 库中的 3D 模型是免费的还是付费的？

3. Object（对象）>Move to Ground（移动到地面）命令可以做什么，什么时候使用？

5.6 复习题答案

1. OBJ 是一种行业标准的 3D 文件格式。它可以从许多不同的 3D 建模程序中导出，并放置到一个 Dimension 场景中。

2. Adobe Stock 库中的 3D 模型可以通过每月订阅购买。然而，Adobe Stock 上的数百个 3D 模型是免费的。

3. Object（对象）>Move to Ground（移动到地面）命令可以移动所选对象，使其位于地面以上。当导入的模型由于位于地面以下而没有出现在视图中时，这个命令是必要的。

第6课　使用材料

课程概述

在本课，用户将导入各种来源的模型，并学习以下内容。

- Dimension 中包含的各种材料的概述。
- 如何从 Adobe Stock 导入材料。
- 如何从其他来源导入材料。
- 如何使用"魔棒"工具选择模型表面，然后将材料应用于这些表面。
- 如何调整所有材料的共同属性，如发光、不透明度和半透明度。
- 同类型的材料如何影响渲染速度。

学习本课内容大约需要 45 分钟。启动 Adobe Dimension 之前，请先在异步社区将本书的课程资源下载到本地硬盘中，并进行解压。在学习本课时，请打开相应的课程文件。建议先做好原始课程文件的备份工作，以免后期用到这些原始文件时，还需重新下载。

应用于 Dimension 模型上的表面材料可以无限变化，
包括金属、玻璃、木材等。

6.1 什么是材料

Dimension 的核心功能之一是将材料应用于 3D 对象。Dimension 使用在 NVidia 材料定义语言（MDL）子集中定义的材料。Adobe 将此子集称为 Adobe 标准材料。这种格式定义了光线照射到材料表面时的行为。例如，光是从表面发出的吗？如果是，有多少？表面是不透明的、透明的还是半透明的？表面是粗糙的还是光滑的？表面是否呈现出金属光泽？如果可以透过物体看到内部，内部是半透明的吗？物体会折射光线吗？

材料可以选择性地包含可以控制材料属性的图像，如图 6.1 所示。例如，砖材料可能包括用于改变砖颜色的彩色图像、用于赋予区域光泽或亚光效果的粗糙图像，以及用于在表面添加孔隙等细节的普通图像。

> **Id** | 提示：用户可以通过 Adobe 官网了解更多关于 Adobe 标准材料的信息。

图6.1

本课将对材料进行深入研究。改变模型表面外观的另一种方法是将一个或多个图形应用于表面。任何 JPEG、PNG、AI、PSD 或 SVG 格式的文件都可以作为图像进行应用。如何把图形应用到模型表面将在后面的课程中详细介绍。

6.2 找到材料

在 Dimension 的 Asset（资源）面板中可以找到几十种原始资源的材料，包括多种类型的玻璃、金属、塑料、木材、纸张、织物、大理石和斑马皮等。用户可以从 Adobe Stock 下载数百个附加材料，也可从其他来源获得 MDL 文件并将它们导入到 Dimension 中。

1. 选择 File（文件）>Open（打开）。

2. 选择名为 Lesson_06_01_begin.dn 的文件，该文件位于用户复制到硬盘上的 Lessons>Lesson06 文件夹中，然后单击 Open（打开）按钮。

3. 单击"工具"面板顶部的 Add and Import Content（添加和导入内容）图标 ⊕，并选择 Starter Assets。

4. 单击 Materials（材料）图标 ◉ 以只查看面板中的材料，如图 6.2 所示。

5. 滚动整个面板，看到有许多不同类型的材料可供使用。每一种材料的性质也可以改变，从这里开始学习使用各种各样的表面材料吧。

图6.2

6. 滚动到列表底部，单击 Browse Adobe Stock（浏览 Adobe Stock），如图 6.3 所示。

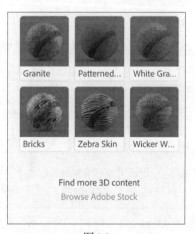

图6.3

浏览器被启动，然后跳转到 Adobe Stock 官网，里面有数百种可供购买的附加材料，如图 6.4 所示。

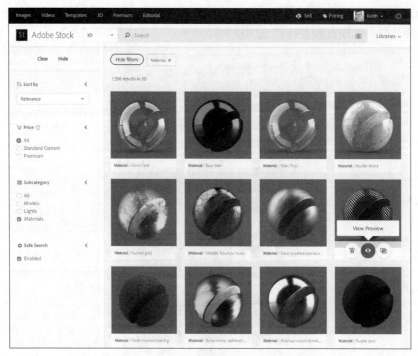

图6.4

Id 提示：如果从其他地方保存了一个与 Dimension 兼容的 MDL 文件，那么可以通过选择 File（文件）>Import（导入）>Place Material on Selection（选择材料）将该材料应用于模型。

6.3 将材料应用于模型

在本课，用户将学习在场景中将各种材料从 Starter Assets（原始资源）中应用到模型中。

1. 选择 Select and Scale（选择并缩放）工具（键盘快捷键：S）。

2. 单击中间的杯子以选择它。

3. 单击"工具"面板顶部的 Add and Import Content（添加和导入内容）图标➕，并选择 Starter Assets。

Id 提示：单击 Content（内容）面板顶部的 More（更多）图标⋯，可以在 List View（列表视图）和 Grid View（网格视图）之间切换。这是两种查看材料的方法。

---

4. 如果还没有选中材料，单击 Materials（材料）图标，以便在面板中只查看材料。

5. 在 Assets（资源）面板顶部的 Search Assets 输入框中，输入 plastic，如图 6.5 所示。

6. 单击 Plastic 材料，将其应用到杯子上。

图6.5

7. 单击最右边的杯子以选择它。

8. 在"资源"面板顶部的 Search Assets 输入框中，输入 glass，如图 6.6 所示。

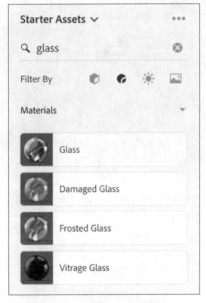

图6.6

9. 单击 Glass 材料将其应用到杯子上。

10. 注意，使用塑料材料的杯子在工作区域看起来相当逼真，但是使用玻璃材料的杯子有斑点。有些类型的材料（包括玻璃）需要更多的处理能力来渲染，所以为了让画布上的模型以可接受的速度进行渲染，这些材料只是粗略的近似显示。要查看更精确的预览，单击 Render preview（渲染预览）图标 ▦。

> **提示**：为了加快渲染预览的速度，可以隐藏场景中的需要预览的对象之外其他对象。若要隐藏群组或模型，单击 Scene（场景）面板中相关群组或模型右侧的眼睛图标 ▧。隐藏的模型不会被渲染，所以渲染预览的速度会更快。

6.3.1 通过拖放应用材料

有时，将材料从原始资源、库或文件系统拖放到模型的表面，会使将材料应用到模型上变得更方便。

1. 选择 Edit（编辑）> Deselect All（全部取消选择），这样场景中的任何对象都不会被选中。

2. 在 Asserts（资源）面板顶部的 Search Assets 输入框中，输入 metal。

3. 将金属（metal）材料拖放到场景中最左边的杯子上。当杯子周围出现蓝色高亮轮廓线时，松开鼠标按钮，如图 6.7 所示。

图6.7

4. 检查 Scene（场景）面板，确认金属材料已经应用到 Cup 1 模型中，如图 6.8 所示。

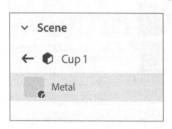

图6.8

5. 单击"场景"面板顶部的后退箭头 ← 返回模型列表。

Small Jar 对象是一个组，由组图标 ■ 表示。

6. 单击组图标打开组。可以看到这个组由两个模型组成：Lid 和 Jar。因为这个对象被建模为两个独立的模型，所以可以很容易地将不同的材料应用到盖子和罐子上。注意，在不选择组的情况下也可以打开组。如果不小心选择了 Small Jar 组，选择 Edit（编辑）>Deselect All（全部取消选择）。

7. 在"资源"面板顶部的 Search Asset 输入框中，输入 wood。

8. 将 American Elm Wood 材料拖曳到场景中的 Jar 模型上。

罐体（而不是盖子）周围出现蓝色高亮轮廓线时，松开鼠标按钮，如图 6.9 所示。

图6.9

9. 在"资源"面板顶部的 Search Assets 搜索框中，输入 paper。

10. 在场景中，将 Glossy Paper 材料拖放到 Bag 模型上。袋子周围出现蓝色高亮轮廓线时，松开鼠标按钮。

6.3.2 从另一个模型中取样

将某种材料应用到一个模型上之后，可以用采样器工具将同样的材料应用到其他模型上。

1. 在"场景"面板中，选择 Small Jar 下面的 Lid 模型，如图 6.10 所示。

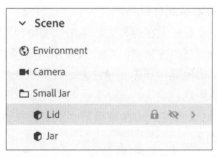

图6.10

2. 在 Tools（工具）面板中，选择 Sampler（采样器）工具（键盘快捷键：I）。

3. 右键单击 Sampler（采样）工具，验证 Sample Type（采样类型）是否被设置为 Material，如图 6.11 所示。因为我们要对所有的材料属性进行采样，而不仅仅是材料颜色。

4. 单击画布上中间杯子（塑料杯子在它的旁边）的任何位置。从杯子模型中取样塑料材料，并将其应用于小罐子的盖子，如图 6.12 所示。

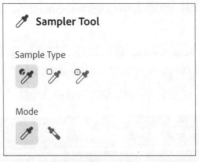

图6.11

图6.12

6.4 预览材料

有些材料在画布上的预览效果要比其他材料的好。要查看在场景的光照条件下材料的真实外观，需要频繁地引用 Render Preview（渲染预览）窗口。对于某些材料，特别是像玻璃这样的透明材料质，需要渲染场景才能准确地看到材料。

1. 如果"渲染预览"面板没有显示在屏幕上，单击"渲染预览"图标 来显示它。

2. 单击"渲染预览"窗口顶部的按钮 ，以全屏显示渲染预览。根据计算机的速度，可能需要相当长的时间才能准确地显示预览。请注意，计算机在经过几次场景编辑后，能够逐渐地渲染出越来越精确的场景。

请记住，这仍然只是一个渲染预览——在渲染某些类型的材料时并不十分准确。想要准确地查看材料属性，需要进行实际渲染。

3. 单击"渲染预览"窗口顶部的按钮 ，返回小的渲染预览窗口。

4. 单击屏幕顶部的 Render（渲染）按钮进入渲染模式，如图 6.13 所示。

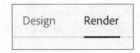

图6.13

5. 选择"Current View""Low (Fast) quality"和"PNG"作为输出格式，然后单击 Render（渲染）按钮，结果如图 6.14 所示。

图6.14

6.5　改变材料特性

到目前为止，我们已经在没有设置任何属性的情况下应用了原始资源中的材料。但是，使用 Properties（属性）面板可以以多种方式定制每种材料。

1. 在"场景"面板中，将鼠标指针悬停在 Cup 2 模型上，单击向右箭头图标 ⟩ 显示模型材料。让我们把模型的表面涂成亮橙色。

2. 在"属性"面板中，单击基本色旁边的拾色器，将 RGB 依次更改为 255、123、0，如图 6.15 所示。

图6.15

3. 为了使模型的表面更闪，将 Metallic 增加到 10%，如图 6.16 所示。

图6.16

4. 单击"场景"面板顶部的后退箭头 ← 返回模型列表。

5. 将鼠标指针悬停在 Cup 1 模型上，单击右向右箭头图标 › 显示模型材料。

6. 要使模型表面变成明亮的橙色，在"属性"面板中，单击基本色旁边的拾色器，并将 RGB 依次更改为 255、123、0。

> **注意**：因为瓶盖模型的材料是从 Cup 2 模型中取样的，所以两个模型都使用塑料材料。改变一个物体上材料的性质也会改变另一个物体上材料的性质。在编辑材料时单击 Actions（操作）面板中的 Unlink 图标可以切断使用材料的两个模型之间的关系。

> **提示**：如果将鼠标指针悬停在"属性"面板中的属性名称上，将出现一个问号。如果单击属性名，可以看到关于该属性的动态可视化说明。

7. 为了使模型表面的反射更少，将 Roughness 值增加到 30%，如图 6.17 所示。

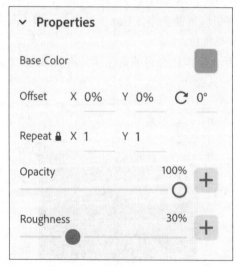

图6.17

8. 单击 Roughness 滑块右边的加号图标 ＋。

9. 单击 Select a File（选择文件）。

10. 选择 Dots-white.png 文件并单击 Open（打开）按钮，如图 6.18 所示。

使用了这个 PNG 蒙版后，PNG 中黑色的区域在图像中将显示为光滑的金属色，而白色区域是粗糙的，如图 6.19 所示。

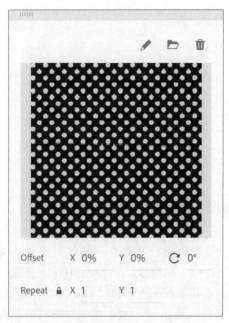

图6.18

图6.19

11. 按 Esc 键关闭图像选择器并返回到"场景"面板中的模型列表。

12. 如果这个 Small Jar 组没有打开，单击它的组图标 📁 以打开它。

13. 将鼠标指针悬停在 Jar 模型上（而不是盖子上），单击向右箭头图标 〉 显示模型材料。

14. 为了使木纹更细，看起来更真实，在基本色下的"属性"面板中，将旋转值更改为 3°，并将 Repeat 后面 X 和 Y 的值均更改为 4.2，如图 6.20 所示。

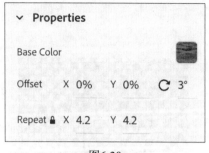

图6.20

位图图像如何影响材料属性

如果在选择应用于模型的材料时查看"属性"面板，那么你可以向Opacity（不透明度）、Roughless（粗糙度）、Metallic（金属）、Glow（发光）和Translucence（半透明）属性添加位图图像，以更改这些属性的行为方式。

- 将位图图像添加到Opacity时，黑色区域是透明的，白色区域是不透明的。
- 将位图图像添加到Roughless时，黑色区域被抛光，白色区域被磨砂。
- 将位图图像添加到Metallic时，黑色区域是非金属的，白色区域是金属的。
- 将将位图图像添加到Glow时，黑色区域反射光线，白色区域发射光线。
- 将位图图像添加到Translucence时，黑色区域是非半透明的，白色区域是半透明的。

改变玻璃属性

调整材料的半透明特性，可以使其看起来像玻璃或液体（透过材料可以看到其他物体）。用户可以在"属性"面板中更改 Translucence（半透明）、Index of Refraction（折射率）、Density（密度）和 Interior Color（内部颜色）属性，使模型看起来像是由玻璃、液体或凝胶制成的。

1. 单击"场景"面板顶部的后退箭头 ← 返回模型列表。
2. 将鼠标指针悬停在 Cup 3 模型上，单击向右箭头图标 ⟩ 显示模型材料。
3. 在"属性"面板中，单击 Translucence 旁边的向左箭头图标 ◁ 以显示 Translucence 属性（如果它们还没有打开）。
4. 要使玻璃出现"弯曲"，或折射现象更明显，请将 Index of Refraction 增加到 2.76。
5. 为了使玻璃的磨砂感更强，可以将 Density 增加到 0.5，如图 6.21 所示。

请记住，在画布预览中我们看不到这些设置的结果。"渲染预览"面板可以更清楚地看到发生的改变。

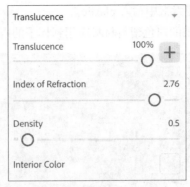

图6.21

6. 单击"场景"面板顶部的后退箭头 ← 以返回模型列表。

> **Id** **提示**：要快速增加或减少"属性"面板中的数值，可以使用 Scrubby 滑块。将鼠标指针悬停在数值框左侧的文本上，指针将变为水平双端箭头。按下鼠标左键并向左或向右拖动可增加或减少文本框中的数值。同时按住 Shift 键可以以更大的步长更改数值。

6.6 子模型的表面

模型可以由一组其他模型组成。当以这种方式建模对象时，如果每个组件都是组中的子模型，则很容易选择模型的各个组件。有时，我们想要将不同的材料应用到模型的不同部位上，会出现这样一种情况：尽管模型的不同部位看起来像是单独的部分，但它们并不是作为单独的子模型而创建的。

假设所讨论的部件看起来与它周围的表面不同，那么有一种方法可以将不同的材料应用于单个模型的不同表面上。该方法的关键是 Magic Wand（魔棒）工具。"魔棒"工具的工作原理与 Photoshop 中的魔棒工具类似。用它单击表面时，Dimension 将尝试选择其"轮廓"中的内容。

1. 选择 Magic Wand（魔棒）工具（键盘快捷键：W）。
2. 单击桌子上杯子的里面。此时，杯子的内部区域出现一个蓝色的选择边界，如图 6.22 所示。

图6.22

3. 在"内容"面板中，在搜索框中输入 plastic。

4. 单击 Plastic 材料，将原来的白色塑料材料应用到杯子的内表面，如图 6.23 所示。

图6.23

5. 在"场景"面板中，将鼠标指针悬停在 Cup 2 模型上，单击向右箭头图标 > 显示模型材料。注意，现在 Cup 2 模型应用了两种材料：Plastic 和 Plastic 2，如图 6.24 所示。

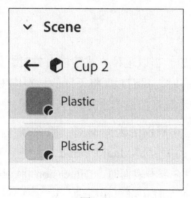

图6.24

6. 单击"场景"面板顶部的后退箭头 ← 以返回模型列表。

给星星应用材料

虽然场景中的 Star（星星）模型由单独的模型组成，但是仍然可以使用"魔棒"工具只选择星星的部分表面，并将不同的材料应用到这些表面上。

1. 在"场景"面板中选择 Star 模型。

2. 选择 Camera（相机）>Frame Selection（选择所有帧）以选择相机的位置，从而放大 Star 模型的视图。

3. 在"内容"面板的搜索框中输入 Paper。

4. 单击 Cardboard Paper 材料，把它应用到 Star 模型上。

5. 用"魔棒"工具单击 Star 模型的三角形的"边"。这个三角形蓝色高亮显示，表示它已被选中，如图 6.25 所示。

6. 按住 Shift 键，然后单击星星表面的其他面，如图 6.26 所示。按住 Shift 键可以让用户在每次使用"魔棒"工具时将单击的内容添加到选择项中。

图6.25   图6.2 6

7. 在"内容"面板中，单击 Glossy Paper 材料，将其应用于在 Star 模型中选中的这些面，如图 6.27 所示。

8. 在"场景"面板中，将鼠标指针悬停在 Star 模型上，单击向右箭头图标 `>` 以显示模型材料。注意，现在的 Star 模型应用了两种材料：Cardboard Paper 和 Glossy Paper，如图 6.28 所示。

图6.27

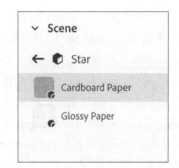

图6.28

9. 单击 Camera Bookmarks（相机标签）图标，然后单击 Final View（最终视图）以返回到之前的相机视图。

10. 如果有时间的话，可以对场景进行渲染，或者打开并查看已经渲染好的文件 Lesson_06_01_end_render_high.psd，如图 6.29 所示。

图6.29

6.7 链接材料与取消材料间的链接

在前面的例子中，我们从 Cup 2 模型中取样了 Jar Lid 模型的材料，创建了一个在两个模型之间链接的单一材料的实例。当我们更改材料的颜色时，两个模型中材料的颜色都得到了更新。在这种情况下，如果希望独立地控制用于每个对象的材料的属性，那么可以断开材料之间的链接。

Dimension 自己内部有规则来决定何时链接材料，何时不链接。接下来，让我们更仔细地研究材料链接，看看 Dimension 如何决定何时链接材料。

6.7.1 大量使用材料

同时将材料应用于多个模型，可以让这种材料链接所有模型，从而可以快速地对这些模型进行更改。

1. 选择 File（文件）>Open（打开）。
2. 选择名为 Lesson_06_02_begin.dn 的文件，该文件位于用户复制到硬盘上的 Lessons>Lesson06 文件夹中，然后单击 Open（打开）按钮。
3. 选择 Select and Move（选择并移动）工具（键盘快捷键 :V）。
4. 单击其中一个球体模型，然后按住 Shift 键，再单击其他球体模型，以选择所有 3 个模型。请注意，这些球体模型并没有组合在一起。
5. 在"内容"面板中，找到 Plastic 材料，单击它，将材料同时应用到 3 个选定的球体模型上。通过单击将某种材料应用于多个对象时，该材料默认在所有对象之间链接。
6. 选择 Edit（编辑）>Deselect All（全部取消选择）来取消选择球体模型。
7. 在"场景"面板中，将鼠标指针悬停在 Sphere 1 模型上，然后单击向右箭头图标 › 以显示应用于球体的材料。

在 Actions（操作）面板中有一个 Break Link to Material（断开到材料的链接）的图标。该图标提示用户所选择的材料至少链接到两个模型。

8. 在"属性"面板中，单击基本色旁边的拾色器，将颜色更改为鲜红色，如图 6.30 所示。这 3 个球体模型的材料的颜色都发生了变化，因为这 3 个模型链接到了同一个材料。

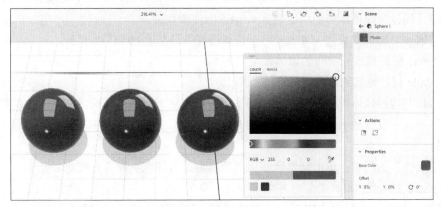

图6.30

6.7.2　断开链接

如果不希望应用于多个模型的材料被链接，那你可以断开链接，从而单独修改应用于模型的材料。

1. 单击"场景"面板顶部的后退箭头 ← 返回模型列表。

2. 将鼠标指针悬停在 Sphere 2 模型上，单击向右箭头图标 ＞ 以显示应用于球体模型的材料。

3. 在 Actions（操作）面板中单击 Break Link to Material（断开到材料的链接）的图标 🔗。该图标将从"操作"面板中消失，表示该材料不再链接到另一个模型。

4. 在"属性"面板中，单击基本色旁边的拾色器，将颜色更改为亮绿色，如图 6.31 所示。

只有 Sphere 2 模型的材料的颜色发生了变化，因为它使用了一个独立的材料，该材料不与其他球体模型相链接。

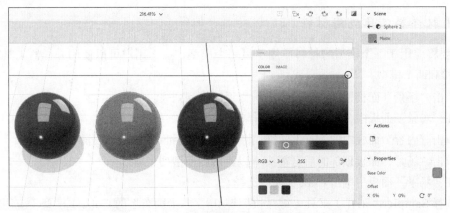

图6.31

6.7.3 将材料逐次应用到每个对象

如果将相同的材料将材料逐次应用到多个模型，那么该材料不会在模型之间链接。应用于每个模型的材料都是该材料的独立实例。用户可以在不影响其他模型的情况下更改材料实例的属性。

1. 单击"场景"面板顶部的后退箭头 ← 以返回模型列表。
2. 在"内容"面板中找到 Matte 材料，将其拖放到最左边的球体模型上。
3. 将 Matte 材料拖放到中间的球体模型上。
4. 将 Matte 材料拖放到最右边的球体模型上。
5. 双击最左边的球体模型，可以在"场景"面板中显示应用到该球体模型上的材料。

"操作"面板中没有显示"断开到材料的链接"图标，这意味着我们选择的材料没有链接到任何其他模型。

6. 在"属性"面板中，单击基本色旁边的拾色器，将颜色更改为鲜红色。

只有 Sphere 1 模型的材料的颜色发生了变化（见图 6.32），因为它使用的材料是独立的，不与其他模型链接。独立地将材料应用于一个对象时，即使我们将相同的材料应用于每个模型，这些材料在默认情况下是不链接的。

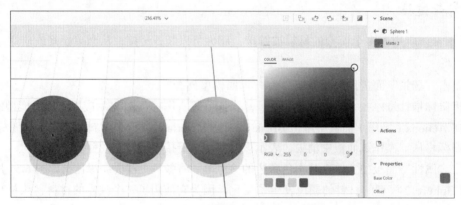

图6.32

6.7.4 用取样器工具应用材料

如果要将应用于一个模型的材料应用于另一个模型，那么用户可以使用采样器工具。结果是该材料链接到两个模型。

1. 单击"场景"面板顶部的后退箭头 ← 以返回模型列表。
2. 在"场景"面板中，单击 Cube 1 选择它。
3. 单击"内容"面板中的 Metal 材料，将其应用到 Cube 1 模型的表面。
4. 单击"场景"面板顶部的后退箭头 ← 以返回到模型列表。
5. 在"场景"面板中单击 Cube 2 模型选择它。
6. 选择 Sampler（采样）工具（键盘快捷键 :I），单击画布上的 Cube 1 模型（应用金属材料的立方体）。

7. "场景"面板显示了 Cube 2 模型应用了金属材料。注意，"操作"面板中出现了"断开到材料的链接"的图标 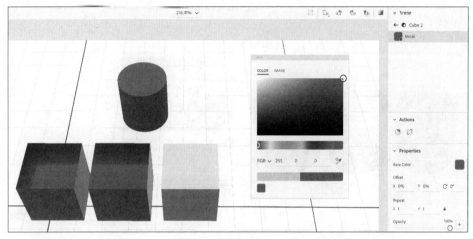。这暗示了 Cube 1 模型所用的金属材料链接到了 Cube 2 模型。

8. 在"属性"面板中，单击基本色旁边的拾色器，将颜色更改为鲜红色。

Cube 1 和 Cube 2 上的材料都发生了变化，因为它们是链接的，如图 6.33 所示。默认情况下，使用"采样器"工具从一个模型采样并将其应用到另一个模型时，两个模型中的材料将被链接。

图6.33

6.7.5 粘贴 vs. 粘贴为实例

Dimension 在 Edit（编辑）菜单中有两个粘贴命令："Paste（粘贴）"和"Paste as Instance（粘贴为实例）"。将模型复制到剪贴板后，这两个命令都将粘贴模型的副本。但是，这两个命令在如何将副本上的材料链接到原始模型上有所不同。

1. 选择 Select and Move（选择并移动）工具（键盘快捷键 :V）。

2. 选择场景顶部的圆柱模型。

3. 选择 Edit（编辑）>Copy（复制）。

4. 选择 Edit（编辑）>Paste（粘贴）。

5. 向右拖动蓝色箭头，这样就可以看到两个圆柱体了。

6. 在画布上，双击刚才复制的圆柱体以在"场景"面板中显示圆柱体材料。

7. 在"属性"面板中，单击基本色旁边的拾色器，将颜色更改为亮绿色。

只有一个圆柱体模型上的材料发生了变化，因为它们没有链接。

复制并粘贴模型时，若使用 Edit（编辑）>Duplicate（复制）命令或按住 Option/Alt 键进行拖动来复制模型的方法，那么模型的材料默认是不链接的。

8. 选择绿色的圆柱体模型。

9. 选择 Edit（编辑）>Copy（复制）。

10. 选择 Edit（编辑）>Paste as Instance（粘贴为实例）。

11. 向右拖曳蓝色箭头，这样就可以看到两个绿色的圆柱体了。

12. 在画布上，双击刚刚创建的绿色圆柱体以在"场景"面板中显示圆柱体的材料。

13. 在"属性"面板中，单击基本色旁边的拾色器，并将颜色更改为蓝色。

两个圆筒上的材料会一起发生变化，这是因为它们互相链接，如图 6.34 所示。使用 Paste as Instance（粘贴为实例）命令时，默认情况下这两个模型中的材料是链接的。

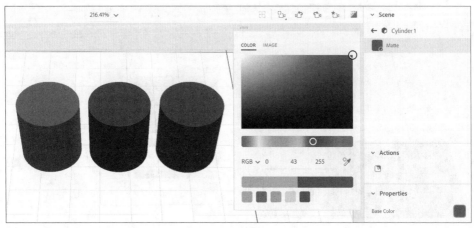

图6.34

6.7.6　链接汇总

Dimension 中，对象之间材料的链接情况可以归结为以下几种。

- 通过单击将材料应用于多个对象时，该材料默认情况下是在对象之间链接的。
- 将材料逐次应用到每个对象上时，即使应用了相同的材料，默认情况下材料也是不链接的。
- 使用"采样"工具从一个模型采样并将其应用到另一个模型时，默认情况下，两个模型中的材料是链接的。
- 复制粘贴时，若使用 Edit（编辑）>Duplicate（复制）命令或按住 Option/Alt 键拖动以复制模型的方法，那么模型的材料没有链接。但是，复制一个模型并使用 Paste as Instance（粘贴为实例）命令时，这两个模型中的材料在默认情况下是链接的。

6.8 复习题

1. 为什么有些材料在画布上会出现"斑点"？
2. 说出加速渲染预览的一种方法。
3. 用什么工具可以把多种材料应用到一个模型上？
4. 使用"魔棒"工具时，如何添加选择？
5. 用什么工具可以从一个模型中取样并将取样材料应用到另一个模型中？
6. 如果把同样的材料应用到 5 个对象上，但一次只选择一个对象，那么同样的材料会被链接到所有的 5 个对象上吗？

6.9 复习题答案

1. 有些材料（尤其是玻璃），需要很长时间的渲染，画布上的预览是最终结果的粗略近似，所以会出现斑点。
2. 隐藏不需要预览的模型，可以大大加快渲染预览的速度。要隐藏模型，单击"场景"面板中模型旁边的眼睛图标 。
3. "魔棒"工具可以细分模型的各个表面，并将不同的材料应用于每个表面。
4. 用"魔棒"工具单击一个模型的表面后，按住 Shift 键，可以单击另一个表面来扩展选择。
5. 可以使用 Sampler（取样）工具（键盘快捷键 :I）来从一个模型中对材料进行采样，然后将其快速应用到另一个模型中。
6. 不会。如果把同样的材料应用到 5 个对象上时，每次只应用一个对象，那么每个对象都有该材料的独立实例，它们不与任何其他对象链接。如果选择所有 5 个对象并将相同的材料同时应用于所有 5 个对象时，那么相同的材料将链接到所有 5 个对象上。

第7课 使用Adobe Capture CC 创建材料

课程概述

在本课中，用户将学习使用 Adobe Capture CC 手机应用程序，并了解以下内容。

- 如何使用 Capture 创建要在 Adobe Dimension 中使用的独特材料。
- 如何在 Adobe Capture 中编辑材料以满足需求。
- 如何在 Adobe Dimension 中使用 Capture 创建的材料。

学习本课内容大约需要45分钟。启动 Adobe Dimension 之前，请先在异步社区将本书的课程资源下载到本地硬盘中，并进行解压。在学习本课时，请打开相应的课程文件。建议先做好原始课程文件的备份工作，以免后期用到这些原始文件时，还需重新下载。

　　Adobe Capture 手机应用程序有趣且功能强大，可以
创建丰富的材料。这些材料可以应用于 Adobe Dimension
的模型。

7.1 关于 Adobe Capture CC

Adobe Capture CC 是一款适用于 iOS 和 Android 设备的手机应用程序。Capture 的目的是让用户能够从周围的世界中捕捉灵感，并将这些灵感转化为字体、笔刷、图案、形状、颜色或在 Dimension 中使用的材料。

如果用户平时外出看到某种材料或结构，认为它适合用在 Dimension 的模型上，就可以使用移动设备的摄像头拍摄一张材料纹理的照片，然后在屏幕上轻按几下，把它变成一个适用于 Dimension 模型的材料。

用户可通过 Adobe 官网了解更多关于 Adobe Capture 的信息。

下载并安装 Adobe Capture

访问 Adobe 官网，将 Adobe Capture CC 下载并安装到 iPhone、iPad 或 Android 移动设备上。

7.2 抓取材料

用户可以从拍摄的照片、库存照片或 Creative Cloud 保存的任何模型中选择材料。具体步骤如下。

1. 在移动设备上启动 Adobe Capture，如图 7.1 所示。如果出现登录提示信息，请使用 Adobe ID 登录。

图7.1

2. （如果设备上的 Capture 首选项被设置为打开直接进入相机模式，那么先单击屏幕左下角的 × 按钮来关闭相机。）在屏幕的顶部，从下拉列表中选择 CC Library。如果用户不熟悉 CC 库，那么请选择 My Library。

3. 单击屏幕顶部的 MATERIALS，如图 7.2 所示。

图7.2

4. 单击相机图标 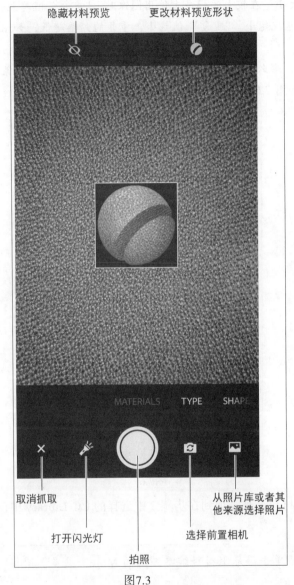，如图 7.3 所示。

5. 将相机对准你感兴趣的纹理或图案，然后单击图标拍照，如图 7.3 所示。

6. 如有需要，可以调整材料的属性，如图 7.4 所示。

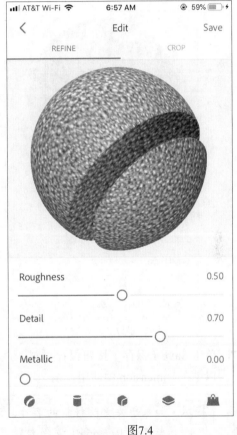

图7.3

图7.4

- Roughness（粗糙度）用于控制表面的光泽度。较高的值意味着表面更粗糙、表面的光照更少。

- Detail（细节）用于控制表面的细节。增加细节值可以增加表面的细节和锐化效果。

- Metallic（金属）用于控制表面金属光泽的程度。其数值越高，表面看起来越像金属。

- 增加 Intensity（强度）的值会使表面纹理更清晰，减少"强度"的值会使表面纹理较模糊。
  当将材料应用于模型时，此值会影响 Dimension "属性"面板中显示的法线贴图（Normal

Map）位图图像。

- Frequency（频率）会影响光影效果。调整"频率"值可以调整法线贴图的锐化效果，改变表面光影的外观。
- Repeat（重复）可以改变材料的像素大小。在较大的模型上使用图像时，"重复"值越大，意味着图像重复的频率就越大，图像也就越小。"重复"值越小，重复的频率越低，如图7.5所示。
- 如果增加 Blend Edges（混合边）的值，那么 Adobe Capture 将尝试当模型表面重复出现某种材料时混合每个区域之间的边缘，如图7.6所示。

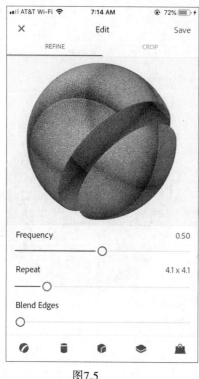

图7.5

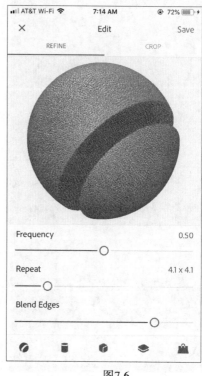

图7.6

7. 单击 Save（保存）按钮保存材料。该材料会被添加到在步骤2中选择的 CC Library 中，以供在 Dimension 中使用。

> **Id** 提示：如果想要更改材料的名称，请单击屏幕上材料缩略图上的 More（更多）图标，然后单击 Rename（重命名）。

从照片中抓取素材

除了可以用移动设备的相机获取材料外，我们还可以从移动设备相册中的照片（保存在 Creative Cloud 存储中的材料，或是导入 Lightroom 的材料，或是来自 Adobe Stock 的材料，或是在设备上可以访问的任何其他来源，例如 Dropbox 或 Google Drive）来获取材料。

1. 在移动设备上启动 Adobe Capture，如图 7.7 所示。

图7.7

2. 如果设备上的 Capture 首选项被设置为打开直接进入相机模式，那么先单击屏幕左下角的 × 按钮来关闭相机。

3. 在屏幕顶部，从下拉列表中选择一个 CC Library（CC 库）。如果用户不熟悉"CC 库"，请选择 My Library。

4. 单击屏幕顶部的 MATERIALS，如图 7.8 所示。

图7.8

5. 单击图像图标 ![icon]。

6. 从弹出的列表中单击 Stock 以访问 Adobe Stock。

7. 在搜索框中，输入 texture，然后单击搜索，如图 7.9 所示。屏幕上会显示数以百计的纹理图像。

8. 单击你喜欢的纹理。

9. 单击 SAVE PREVIEW（下载带水印的 comp 图像）或 LICENSE ASSET（购买图像），如图 7.10 所示。

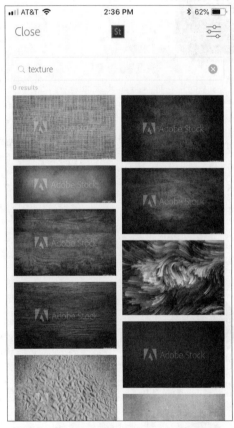

图7.9

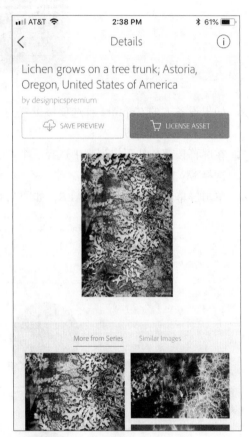

图7.10

10. 选择一个 CC Library 以保存所选图像，如图 7.11 所示。

11. 单击图标 ![icon] 将图像导入 Adobe Capture。

12. 如有需要，请调整材料属性。

13. 单击 Save 按钮将材料保存到 CC Library 中。

图7.11

7.3 使用在 Dimension 中抓取的材料

使用通过 Adobe Capture 创建的材料就像使用任何其他来源的材料一样。

1. 启动 Adobe Dimension。

2. 选择 File（文件）>Open（打开）。

3. 选择名为 Lesson_07_begin.dn 的文件，该文件位于用户复制到硬盘上的 Lessons>Lesson07 文件夹中，然后单击 Open（打开）按钮。

可以看到，左边的棱镜上应用了砖材料，右边的管道上应用了木材材料。这两种材料都是由 Adobe Capture 生成的。使用这些材料或者使用通过 Capture 创建的材料（见步骤 4 ~ 步骤 7）来完成本教程的剩余部分。

4. 单击 Tools（工具）面板顶部的 Add and Import Content（添加和导入内容）图标，选择 CC Libraries。

5. 在 Content（内容）面板顶部的下拉菜单中，选择将抓取的材料保存到其中的哪个库中，如图 7.12 所示。

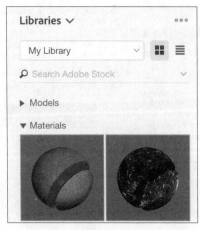

图7.12

6. 将用 Adobe Capture 创建的材料之一拖放到画布上的 Prism 模型上。或者，选择 File（文件）>Import（导入）>Place Material on Selection（选择材料），然后在 Bricks 文件夹中选择 Material_14.mdl 文件，这会使用通过 Capture 创建的 Brick 材料。

7. 将用 Adobe Capture 创建的另一种材料拖放到画布上的 Pipe 模型上，如图 7.13 所示。或者，选择 File（文件）>Import（导入）>Place Material on Selection（选择材料），然后选择 Maple 文件夹中的 Material_6.mdl 文件，这会使用通过 Capture 创建的 Maple wood 材料。

图7.13

7.4 修改材料属性

将 Capture 生成的材料应用到 Dimension 模型之后，我们需要调整一些内容。通过 Capture 创建的材料是特定宽度和高度的相片位图，以及用于控制位图模拟纹理的另一个位图（存储在 Normals 属性中）。由于该材料是具有一定高度和宽度的位图，所以当第一次应用它时，它相对于模型的大小或方向可能没有那么正确。这里提供一些方法来解决这些问题。

7.4.1　材料与模型不一致

在前面的内容中，我们将砖材料应用到了 Prism 模型上，但不想让砖块垂直放置。

1. 将鼠标指针悬停在 Prism 模型上，然后单击向右箭头图标 >，即可显示应用于 Prism 模型的材料。

2. 在 Properties（属性）面板中，根据需要更改 Offset（偏移）、Rotation（旋转）或 Repeat（重复）的值。在本例中，在"旋转"中输入 90° 来使砖块旋转，从而与 Prism 模型对齐，如图 7.14 所示。

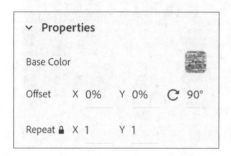

图7.14

> **Id** 提示：我们可能不知道所需的确切旋转值，因此可以将鼠标指针悬停在 Properties 面板中的旋转图标 C 上，向左或向右拖动以调整数值旋转值。

7.4.2　与模型相比，材料太小或太大

使用 Capture 创建材料时，我们无法知道材料或纹理的大小是否与即将使用它们的模型相匹配。这时，我们可以把材料按比例放大或缩小。

要缩放与模型相关的材料，在 Properties（属性）面板中，可以根据需要更改 Repeat（重复）的 X 和 Y 值。Repeat 值变大会导致位图缩小，并在必要时重复多次以覆盖整个模型表面。Repeat 值变小会放大位图，相对于模型来说，材料中的任何可见纹理都会变得更大。在示例中，Repeat 的值为 1.5，这样砖块会更小，如图 7.15 所示。

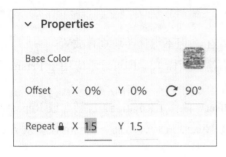

图7.15

7.4.3 应用于模型的材料有接缝

如果一种材料的宽度或高度不能覆盖整个模型的表面，它将在模型的表面重复或平铺。当这种情况发生时，材料重复的地方通常会有接缝。在示例中，应用到管道上的枫木（maple）材料的接缝非常明显，如图 7.16 所示。

图7.16

解决这个问题的一种方法是通过给 Repeat 设置一个较小的值使材料变大。但在这种情况下，材料放大后的效果不一定好。另一种修复方法是使用 Select and Rotate（选择并旋转）工具选择管道然后旋转模型，以便隐藏接缝。

想要获得满意的结果，还需要更改 Properties（属性）面板中的 X 轴和 Y 轴的 Offset（偏移）值，以更改砖块相对于模型的开始位置和结束位置，如图 7.17 所示。

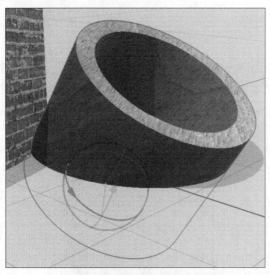

图7.17

7.4.4　材料表面细节过多（或过少）

Adobe Capture 生成的材料包含一个法线贴图（normal map）。这是一个特殊的位图文件，用于控制表面如何影响光和阴影。位图中较亮的区域会出现轻微的凸起现象，较暗的区域会出现轻微的凹陷现象。当阳光以一定角度照射到地表时，这种效应尤为明显。

在示例中，阳光照射到砖材料上时，白色的灰浆似乎要从砖之间渗出来，如图 7.18 所示。

图7.18

1. 将鼠标指针悬停在 Prism 模型上，单击向右箭头图标 以显示应用于 Prism 模型的材料。

2. 在"属性"面板中，单击 Normals 旁边的图像样本，这将显示法线贴图的位图，如图 7.19 所示。

图7.19

3. 在 Photoshop 中双击图片进行编辑，如图 7.20 所示。添加对比度会让表面纹理更明显，而删除对比度会使其不那么明显。将光和暗互调将会反转纹理效果。完全删除图像将完全删除纹理效果。

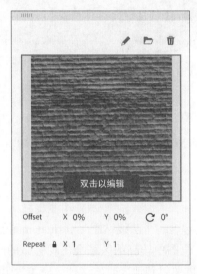

详细的砖材料与原始的法线贴图

图7.20

编辑并倒置法线贴图

没有法线贴图

图7.20（续）

7.4.5 材料太光滑或太亮

使用 Adobe Capture 创建一种材料时，我们可以控制该材料的金属化程度。但是在将 Capture 中的材料应用到模型之后，我们可能无法编辑材料的金属属性。要想编辑材料的金属属性，有一个小方法可以做到。

1. 将鼠标指针悬停在 Pipe 模型上，单击向右箭头图标 ⟩ ，可以看到应用到 Pipe 模型上的材料。

在"属性"面板中，Roughness（粗糙度）和 Metallic（金属）的滑块是灰色的，说明这些属性无法更改。接下来展示一个小技巧。

2. 单击 Roughness 旁边的属性样本，如图 7.21 所示。

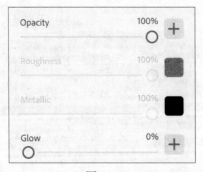

图7.21

3. 单击垃圾桶图标删除来自 Capture 的位图，如图 7.22 所示。现在可以调整 Roughness 滑块了。

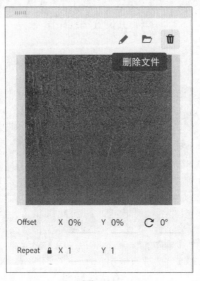

图7.22

4. 单击 Metallic 旁边的属性样本。

5. 单击垃圾桶图标删除来自 Capture 的位图。现在可以调整 Metallic 滑块了，如图 7.23 所示。

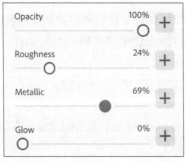

图7.23

现在你就可以完全控制模型表面的光滑程度和光泽度了。

7.5　复习题

1. 在 Adobe Capture 中编辑材料时，Metallic 滑块的作用是什么？
2. 除了用移动设备上的相机创建素材外，还可以使用什么资源创建带有 Capture 的素材？
3. 如果使用 Capture 创建的材料在应用于模型时大小不合适，应该怎么办？
4. 为什么在应用了一种材料之后，模型上会出现接缝？

7.6　复习题答案

1. 调整 Metallic 值可以控制材料表面金属光泽的程度。
2. 创建带有 Capture 的素材的途径有：移动设备的相册、Creative Cloud 存储器、Adobe Lightroom、Adobe Stock、Dropbox 或 Google Drive。
3. 要想更改应用于模型的材料的大小和位置，可在 Properties 面板根据需要调整 Offset（偏移量）、Rotation（旋转）或 Repeat（重复）值。
4. 如果用于创建材料的位图图像不够大，不足以覆盖整个模型表面，那么模型上会出现接缝。要解决这个问题，可以使用 Properties 面板中的 Offset（偏移量）、Rotation（旋转）或 Repeat（重复）值来调整，或者重新定位对象来隐藏接缝。

第8课 选择对象和表面

课程概述

在本节课中，你将了解如何选择画布上的对象和曲面，并学习以下内容。

- 使用 Select and Move（选择并移动）、Select and Scale（选择并缩放）和 Select and Rotate（选择并旋转）工具来选择画布上的对象的两种不同的方法。
- 如何使用工具选项来修改 Selection（选择）工具的行为。
- 如何将选择限制到模型组中的特定模型上。
- 如何精确选择模型的特定曲面。

学习本课内容大约需要30分钟。启动 Adobe Dimension 之前，请先在异步社区将本书的课程资源下载到本地硬盘中，并进行解压。在学习本课时，请打开相应的课程文件。建议先做好原始课程文件的备份工作，以免后期用到这些原始文件时，还需重新下载。

为了快速、准确地选择场景中的模型，理解 Select
and Move（选择并移动）、Select and Scale（选择并缩放）
和 Select and Rotate（选择并旋转）工具提供的选项非常重要。

8.1 使用选择工具选择对象

当你需要在以前的课程中选择一个模型时，大多数时候是通过单击 Scene（场景）面板中模型的名称或模型组来选择的。这种方法有 3 个明显的优点。首先，它非常精确。当使用这种选择方法时，你最终将选择你想要的一个或多个模型，而不会选到额外的东西。其次，这种方法使你在工作时能将注意力集中在"场景"面板上。它的另外一个好处是让你可以了解模型是如何分组的、哪些模型是锁定的以及哪些模型是隐藏的。在处理复杂项目时，经常引用"场景"面板是一种最佳实践。最后，无论你选择的工具是什么，你都可以通过"场景"面板选择模型和组。例如，你可以在选择 Orbit（轨道）工具时选择一个对象。

但有时直接在画布上选择模型和组会更快且更方便。你可以使用 3 个选择工具来实现这一点："选择并移动""选择并缩放"和"选择并旋转"工具。

8.1.1 通过单击选择多个对象

接下来讲解使用 Select and Move（选择并移动）工具在画布上选择对象的各种选项。

1. 选择 File（文件）>Open（打开）。

2. 选择名为 Lesson_08_begin.dn 的文件，它位于硬盘上的 Lessons > Lesson08 文件夹中，然后单击 Open（打开）按钮。

如果查看"场景"面板，将看到这个场景由 5 个模型组（4 个罐子和 1 张桌子）和 1 个香蕉模型组成，如图 8.1 所示。

图8.1

3. 要放大罐子，可单击相机书签图标，然后单击 Four cans 标签。

4. 选择 Select and Move 工具（键盘快捷键：V）。

5. 单击红色的罐子以选择它。可以看出，之所以选择它，是因为移动小部件出现在罐子上，且红色的罐子模型组在"场景"面板中突出显示，如图 8.2 所示。

图8.2

6. 右键单击"工具"面板中的 Select and Move（选择并移动）工具，并在 Selection（选择）模式下单击 Add to Selection（添加到选择）图标 ⬚+。

7. 单击第二个罐子，你将看到它被添加到选择项中，还将看到移动小部件移动到了两个模型之间的公共中心，在"场景"面板中可以看到两个模型都被高亮显示。

8. 单击第三个罐子，然后单击第四个罐子，这样所有的罐子都被选中了。

9. 右键单击"工具"面板中的"选择并移动"工具，然后单击 Subtract from Selection（从选择中减去）图标 ⬚-。

10. 单击绿色的罐子取消选择。现在应该选择了 3 个罐子，可以在"场景"面板中验证，如图 8.3 所示。

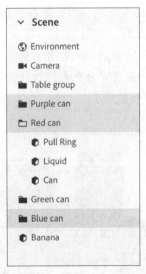

图8.3

11. 将蓝色箭头向左拖动一点以移动选择的 3 个罐子。注意，不需要对罐子进行分组来移动、旋转或缩放它们。只要选择了这 3 个元素，就可以同时对它们进行操作。

> **提示**：不需要右键单击选择工具，然后选择"添加到选择"来将模型添加到选择中，也不需要选择"从选择中减去"来放弃选中模型。将模型添加到选择中更便捷的做法是按住 Shift 键并单击尚未选择的模型；按住 Shift 键并单击所选模型可以将其从选项中删除。

> **注意**：对选择工具的选项所做的任何更改都将立即应用于其他选择工具上。换句话说，更改 Select and Move 工具的选项也将更改 Select and Rotate、Select and Scale 工具的选项。

8.1.2　用选择框选择多个对象

如果需要在拥挤的场景中手动选择几个对象，并且需要在选择其他对象时"跳过"其中一些对象，那么 Add to Selection（添加到选择）选项是很好的实现方式。但是，如果所有对象的位置都很接近，且没有其他对象挡道，则另一种选择方法会更好些。

1. 选择 Edit（编辑）>Deselect All（取消所有选择）来取消选择罐子。

2. 右键单击"工具"面板中的"选择并移动"工具，在 Selection（选择）模式下单击 New Selection（新选择）图标▶。

这会将"选择并移动"工具的选项设置为 normal（正常），这样它就不会从选择中添加或删除了。在使用"添加到选择"或"从选择中减去"按钮后，我们很容易忘记模型已被选中，从而导致选择工具无法像你预期的那样工作！

3. 将鼠标指针移动到 4 个罐子的左上角，然后向右下方拖动出一个矩形，这个矩形会包括罐子的顶部，而不是其他任何东西，如图 8.4 所示。

这个选择矩形（也叫作带选择）所覆盖的内容都会被选中。可以在"场景"面板中看到 4 个罐子都被选中了。注意，罐子并不一定要完全在要选择的波段内。选择矩形只需要覆盖模型或模型组的一部分就可以选择整个模型或模型组了。

图8.4

4. 选择 Edit（编辑）>Deselect All（取消所有选择）来取消选择罐子。

5. 要更改场景视图，单击 Camera Bookmarks（相机标签）图标 然后单击香蕉模型。

6. 右键单击 "工具" 面板中的 "选择并移动" 工具，然后单击 Partial Marquee Select（部分选框）来关闭此选项，如图 8.5 所示。

图8.5

关闭 "部分选框" 选项后，模型必须完全被选择矩形覆盖才能被选中。

7. 这样在处理香蕉模型时就不会意外地选到其他对象。将鼠标指针悬停在 "场景" 面板中的 Table 组上，然后单击浅灰色锁定图标 来锁定 Table 组。

8. 拖动只覆盖部分香蕉模型的选择矩形。

香蕉模型没有被选中，因为选择矩形没有完整包括香蕉模型，如图 8.6 所示。

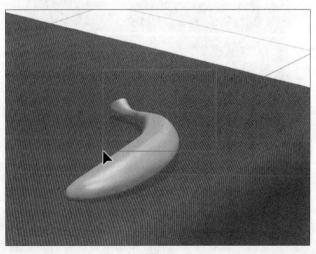

图8.6

9. 拖动一个可以完全包括香蕉模型的选择矩形。如果选择矩形也覆盖了罐子的某部分，这没关系，但是整个香蕉模型必须包含在选择矩形中。

现在香蕉被选中了，如图 8.7 所示。

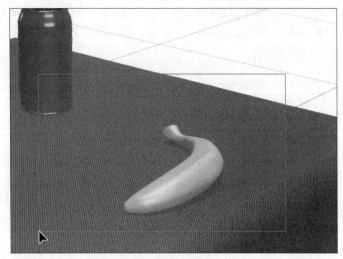

图8.7

你可能会注意到，移动小部件上的箭头与场景中的 X 轴、Y 轴和 Z 轴没有对齐。这是因为香蕉模型在进入场景后被旋转了，如图 8.8 所示。

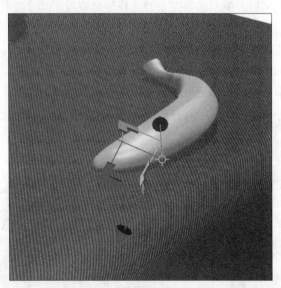

图8.8

注意：当"部分选框"选项打开时，选择矩形为淡蓝色底纹。当"部分选框"选项关闭时，选择矩形没有颜色。这可以帮助你记忆这个选项是开着的还是关着的。

10. 要在桌面上更方便地移动香蕉模型，可以右键单击 Select and Move 工具，然后打开 Align to Scene（对齐到场景）选项，如图 8.9 所示。

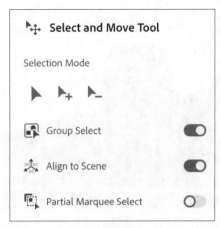

图8.9

现在，你应该看到移动小部件上的箭头与 X 轴、Y 轴和 Z 轴对齐，如图 8.10 所示。

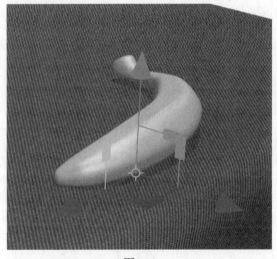

图8.10

11. 选中香蕉模型（不是移动小部件中的某个箭头）并拖动它以在桌面上移动它。

直接选中香蕉与选中移动小部件上的洋红色选择箭头相同，这会限制香蕉模型在 X 轴和 Z 轴上的移动。

你可以选择打开或关闭 Partial Marquee Select（部分选框）选项。本课选择开启，因为这更接近于 Illustrator 和 InDesign 中的选择工具的功能。但是，如果你选择关闭选项，则应该了解它如何与名为选择组（group select）的功能交互。

12. 在"部分选框"选项关闭的情况下，拖动只覆盖罐子中间部分的选择矩形，如图 8.11 所示。当你松开鼠标按键时，罐子没有被选中。这是可以理解的，因为整个模型不在选择矩形内，且"部分选框"选项被关闭。

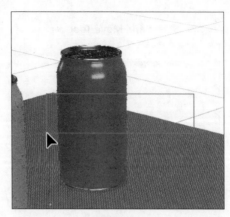

图8.11

13. 拖动另一个选择矩形，但这次选择矩形会覆盖其中一个罐子的顶部，如图 8.12 所示。当你松开鼠标按键时，你可能会发现罐子被选中了。这是为什么呢？选择矩形并没有覆盖整个罐子，那么为什么它被选中了呢？

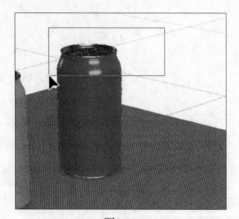

图8.12

　　仔细查看"场景"面板，会发现每个罐子都是由 3 个模型（Pull Ring 模型、Liquid 模型和 Can 模型）组成的模型组，如图 8.13 所示。当将选择矩形放在罐子的顶部时，Pull Ring 模型完全被包围在选择矩形中，因此该模型成功被选中。因为"选择并移动"选项中的 Group Select（选择组）选项被打开，所以整个模型组通过扩展被选中，当"选择组"选项打开时，在组中选择一个模型将选择整个组。在接下来的内容中，你将了解关于"选择组"选项的更多信息。

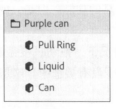

图8.13

8.1.3 选择组的一部分

通常，当在画布上单击一个模型时，如果该模型是模型组的一部分，那么将选择整个模型组。这是因为在默认情况下，选择工具的"选择组"选项是打开的。让我们看看关闭这个选项会发生什么。

1. 要改变观看场景的视觉，请选择 Camera（相机）>Switch to Home View（切换到主视图）。
2. 通过"选择并移动"工具来单击画布上的蓝色桌布。查看"场景"面板，你会发现整个 Table 组被选中。
3. 要解锁之前锁定的组，请选择 Object（对象）>Lock/Unlock（锁/解锁）。
4. 选择 Edit（编辑）>Deselect All（取消所有选择）来取消选择模型组。
5. 右键单击"工具"面板中的"选择并移动"工具，然后关闭"选择组"选项，如图 8.14 所示。

图8.14

6. 单击画布上的蓝色桌布。

正如你在"场景"面板中看到的，现在只选择了 Tablecloth 模型，如图 8.15 所示。

7. 选择 Edit（编辑）>Deselect All（取消所有选择）以取消选择模型组。
8. 右键单击"工具"面板中的"选择并移动"工具，然后重新打开"选择组"选项，如图 8.16 所示。

图8.15　　　　　　　　　　　　　　图8.16

9. 按住 Command 键 (Mac) 或 Ctrl 键 (Windows)，单击画布上的蓝色桌布。这会只选择 Tablecloth 模型，不选择 Table 组。按住 Command 或 Ctrl 键并单击一个模型，这会将选择限制到组中的单个模型上，它与打开"选择组"选项实现的功能相同。

10. 在"场景"面板中，将鼠标指针悬停在 Tablecloth 模型上（在 Table 组中），然后单击眼睛图标  以隐藏桌布，如图 8.17 所示。

图8.17

Id 提示：当选择了组中的模型时，按 Esc 键可选择模型所在的父组。

8.2 使用魔棒工具选择表面

当将"选择并移动""选择并缩放"和"选择并旋转"工具用于选择模型和模型组时，Magic Wand（魔棒）工具可用于选择模型上的单个表面。正如你将看到的，它的工作原理很像 Adobe Photoshop 中的魔棒工具。

1. 选择 Magic Wand 工具（键盘快捷键：W）。

2. 单击离相机最近的桌子腿。

你会看到腿的表面被选中了，如图 8.18 所示。根据你单击的位置，Adobe Dimension 可能会选择与下图中不同的地方，这没有关系。"魔棒"工具试图根据边缘和色调的相似性来确定模型表面的不同部分。我们想要选择整条桌腿，但是"魔棒"工具的选择范围不够大。

3. 右键单击"工具"面板中的"魔棒"工具。

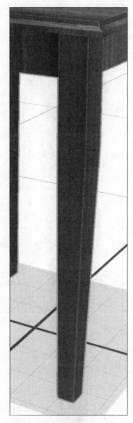

图8.18

4. 将 Selection Size（选择范围大小）滑块向右拖动，让"魔棒"工具的选择范围放大，如图 8.19 所示。

图8.19

5. 再次单击桌腿，这次应该整条桌腿都被选中了，如图 8.20 所示。

特定模型的属性和试图选择的内容将决定"选择范围大小"滑块的位置。本书倾向于把该滑块设置为 Tiny（小），然后使用下面的技巧来增加选择范围的大小。

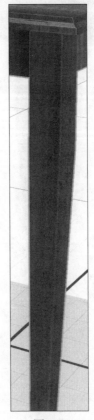

图8.20

6. 再次双击"工具"面板中的"魔棒"工具。

7. 将"选择范围大小"滑块拖到最左边，如图 8.21 所示。

图8.21

8. 用"魔棒"工具单击桌面的顶部。"选择范围大小"滑块设置为 Tiny 时，只能选择桌面的顶部，而不是边缘。

9. 按住 Shift 键，单击桌面的边缘的表面，这将选中该区域。如果还需要选中桌面的其他部分，那么按住 shift 键并单击它们。

按住 Shift 键来添加或删除选择的另一种方法是右键单击"魔棒"工具，然后选择 add to selection（添加到选择）或 minus from selection（从选择中删除）按钮，最后单击模型。但是，通过按住 shift 键单击未选中的表面或者选定的表面来实现添加或移除功能要容易得多。

改变应用于表面的材料

现在桌面的表面被单独选中，此时可以更改应用于其表面的材料。

1. 在 Content（内容）面板中，找到并单击 Galvanized Metal（镀锌金属）材料（在原始资源中），这将把金属顶部添加到桌面中。

我不喜欢桌面下方的与桌面垂直的木纹材料平面，它一般叫作裙片。接下来修改一下它。

2. 用"魔棒"工具单击桌面左侧的裙片，如图 8.22 所示。

图8.22

3. 按住 Shift 键，单击第二个裙片，如图 8.23 所示。

图8.23

4. 在"场景"面板中，将鼠标指针悬停在 Table 模型上，单击右箭头图标 ，显示应用于桌子的材料。

5. 在"场景"面板中选择 American Cherry Wood 材料。

6. 在"属性"面板中，将 Offset（偏移）下的旋转角度更改为 –90°，然后按 Enter/Return 键，如图 8.24 所示。

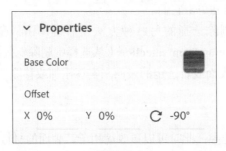

图8.24

不幸的是，上述操作会旋转整个桌子模型上的木纹，而不仅是通过"魔杖"工具选择的部分，如图 8.25 所示。

图8.25

7. 选择 Edit（编辑）>Undo Selection（撤销选择）来撤销旋转。为了能够独立地旋转所选的裙片上的木纹，我们需要对所选的裙片应用一个单独的木质材料实例。

8. 在"内容"面板中，找到并单击 American Cherry Wood 材料（在原始资源中），然后将其应用到裙片上。我们在画布上看不到任何更改。

9. 如果"场景"面板没有显示桌子模型的材料，那么可以将鼠标指针悬停在桌子模型上，然后单击右箭头图标 > 来显示材料。

现在你应该看到3种材料：American Cherry Wood、Galvanized Metal 和 American Cherry Wood 2，如图 8.26 所示。

图8.26

10. 在"场景"面板中单击 American Cherry Wood 2。

11. 在"属性"面板中，将 Offset（偏移）下的旋转角度更改为 −90°，然后按 Enter/Return 键。现在桌子裙片上的纹路应该是正确的了。

12. 在"属性"面板中，将 Repeat（重复）中的 X 和 Y 值更改为 2.2 并按 Enter/Return 键。这将使纹理看起来更真实，如图 8.27 所示。

图8.27

8.3 复习题

1. 除了使用选择工具选项中的"添加到选择"和"从选择中删除"按钮外,想在画布上选择多个模型还可以怎样实现?

2. 如果想要选框只选择完全包围在选框中的模型,"部分选框"选项是打开还是关闭?

3. 当"选择组"选项打开时,要只选择一个模型(而不是整个组),在单击组内的模型时,应该按下什么键?

4. 如果画布上显示的模型中的移动、缩放或旋转小部件与场景的 X 轴、Y 轴和 Z 轴不对齐,这会导致模型转换困难,此时应该怎么办?

8.4 复习题答案

1. 按住 Shift 键,同时单击模型,这可将模型添加到现有选择中。单击选定的模型同时按住 Shift 键可将该模型从现有选择中移除。

2. 在选择工具选项中关闭"部分选框"选项将导致选框只选择完全包含在选择矩形中的模型。

3. 按住 Command 键(Mac)或 Ctrl 键(Windows),单击模型组中的模型,这会只选中模型,而不是整个组。

4. 当画布上的模型中的移动、缩放或旋转小部件没有按预期显示时,右键单击任一小部件并打开 Align to Scene(对其到场景)选项。

第9课　将图形应用于模型

课程概述

在本课，你将了解如何将图形应用于模型表面，并学习以下内容。

- 可以应用到模型表面的图形的类型。
- 什么时候使用矢量格式，什么时候使用位图格式。
- 如何编辑已被应用的图形。
- 如何将多个图形应用到一个模型表面。

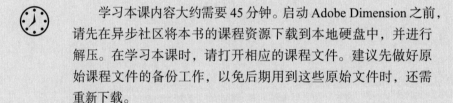

学习本课内容大约需要45分钟。启动Adobe Dimension之前，请先在异步社区将本书的课程资源下载到本地硬盘中，并进行解压。在学习本课时，请打开相应的课程文件。建议先做好原始课程文件的备份工作，以免后期用到这些原始文件时，还需重新下载。

将图形应用到模型表面可以让我们为模型添加各种各样的标签和其他艺术品。

9.1 开始一个新项目并导入一个模型

包装设计中的一个常见任务是用将要印在包装上或贴在包装上的作品来模拟特定类型的包装。Dimension 可以导入图形并将其应用于模型的表面，该功能对于整个设计流程来说非常有用。在这节课中，你会将一些背景艺术作品和标签应用于一个金属喷雾罐模型的侧面。

1. 在 Adobe Dimension 中，选择 File（文件）>New（新建）来启动一个新项目。
2. 在 Properties（属性）面板中，将 W（宽度）更改为 3000px，H（高度）更改为 2000px，如图 9.1 所示。增加像素尺寸可以让作品看起来更清晰。

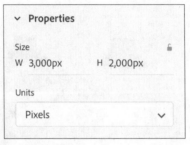

图9.1

3. 选择 View（视图）>Zoom to Fit Canvas（缩放以适合画布）适应屏幕上新的画布大小。
4. 单击 Tools（工具）面板顶部的 Add and Import Content（添加和导入内容）图标，然后选择 CC Libraries。
5. 在 Creative Cloud Libraries 面板的搜索框右边的下拉列表中，选择 Adobe Stock，如图 9.2 所示。

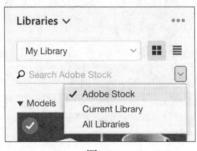

图9.2

6. 在搜索框中输入 208142479。

一个喷雾罐模型将出现。

7. 单击购物车图标以将模型保存到库中。可能会出现提示，询问用户是否想要授权该免费模型。如果是，单击 OK 按钮。
8. 下载模型可能需要一些时间。下载完成后，单击模型将其添加到场景中。此时，模型位于场景的中心，与基准地平面贴合。

在 Scene（场景）面板中，可以看到模型是一个名为 tall_spray_can_1530 的组。

9 双击组名，将组名更改为 Spray can。将组中最上面模型的名称更改为 Nozzle，将另一个模型的名称更改为 Body，如图 9.3 所示。

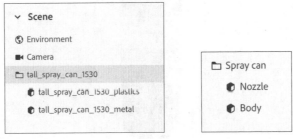

图9.3

10. 选择 Camera（相机）>Frame All（所有帧）以把相机定位在模型上。

11. 单击屏幕顶部的 Camera Bookmarks（相机标签）图标 。

12. 单击加号图标 创建一个新的标签。

13. 要重命名标签，请输入 Starting view 并按 Return/Enter 键。创建标签可以让我们在任何时候都能轻松地返回标签中的视图。

14. 选择 File（文件）>Save（保存）以保存文件，我们稍后可以通过文件名和位置找到该文件。

9.2 应用背景图形

在之前的课程中，我们学习了如何将材料应用到模型的表面以改变其外观。除了颜色和图案外，材料还可以包含其他性质，如发光、粗糙度、金属感和半透明度等。图形是将颜色和图案应用到模型表面的另一种方式，所应用的颜色和图案应与模型的表面材料相协调。

模型表面的图形可以使用 AI（Adobe Illustrator）、PSD（Adobe Photoshop）、JPEG、PNG 或 TIFF 格式的文件。

1. 在"场景"面板中，单击选择 Body model。

2. 在 Actions（操作）面板中，单击模型图标 上的 Place Graphic，如图 9.4 所示。

图9.4

3. 选择名为 Background_label.psd 的文件，然后单击 Open 按钮。

喷雾罐模型的主体上出现了一张标签，当前的视图可以看到模型的大小，如图 9.5 所示。标签位于一个圆形选择圈中，我们可以对模型上的标签方便地进行调整、旋转或移动。（如果没有看到图中所示的选择部件（圆形选择圈），那么可以在"工具"面板中选择"选择并移动"工具（键盘快捷键 :V）。）

图9.5

4. 按住 Shift 键，向外拖动选择部件的某个选择手柄（共有 4 个），使标签变大。按住 Shift 键会锁定缩放比例。

5. 根据需要多次选择 Edit（编辑）>Undo Edit Graphic（撤销对图形的编辑），直到图形恢复到原来的大小。

也可以在"属性"面板中缩放图形。

6. 将 Scale（缩放）中的 X 值调整到 25% 来放大图形，如图 9.6 所示。

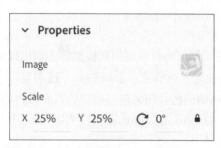

图9.6

7. 向下拖动模型表面上的标签，直到它覆盖喷雾罐的侧面，如图 9.7 所示。注意，喷雾罐的顶部不能出现标签。

图9.7

9.3 应用其他图形

模型表面可以包含多个图形。接下来让我们在喷雾罐表面再加一个标签。

1. 在"操作"面板中，单击模型图标  上的 Place Graphic。
2. 选择名为 Lessence_du_jour_label 的文件，然后单击 Open 按钮。
3. 根据需要将标签放在喷雾罐的主体上，如图 9.8 所示。

图9.8

注意，"场景"面板中出现了两个图形，以及应用于喷雾罐主体的原始材料，如图 9.9 所示。

4. 双击 Graphic 2 将其重命名为 Lessence label Graphic。
5. 双击 Graphic 将其重命名为 Background graphic，如图 9.10 所示。

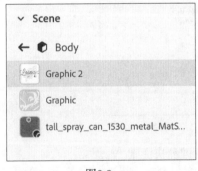

图9.9

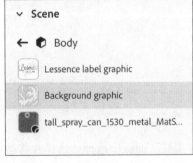

图9.10

> **Id** 提示：在"场景"面板中命名模型、组和标签比较花费时间，但这是很有必要的。这样做的话，当我们在文件中执行进一步的编辑时，流程就会很清晰。

6. 在"工具"面板中选择"轨道"工具（键盘快捷键:1）。
7. 在屏幕上从右向左拖动，将视角切换到喷雾罐的背面。

8. 在"操作"面板中，单击模型图标 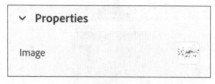 上的 Place Graphic。

9. 选择名为 Lessence_du_jour_label 的文件，单击 Open 按钮。

由于该文件和之前放在喷雾罐前面的文件是一样的，所以喷雾罐的背面有一个 L'essence du Jour 标签的副本。该文件是一个包含多个画板的 Illustrator 文件，用户可以在放置好文件后选择不同的画板。

10. 在"属性"面板中，单击 Image 旁边的图像样本，如图 9.11 所示。

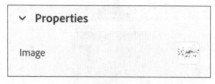

图9.11

11. 从 Artboard 的下拉列表中选择 Artboard 2，如图 9.12 所示。

图9.12

12. 在"工具"面板中选择"选择并移动"工具（键盘快捷键 :V）。

13. 根据需要调整标签的尺寸和位置，如图 9.13 所示。

注意，现在"场景"面板中列出了 3 个图形，我们可以更改这些图形的堆叠方式。

14. 在列表中，将 Graphic 3 拖到 Background graphic 下面，可以看到 Background graphic 覆盖了 Graphic 3，如图 9.14 所示。

15. 将 Graphic 3 拖回到列表顶部，使其再次可见。

图9.13

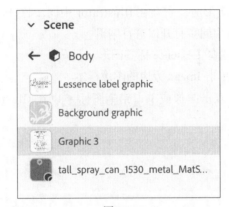

图9.14

> 提示：可以把图形文件从 Macintosh Finder 或 Windows 文件资源管理器拖放到模型上，以将图形放在模型表面。也可以从 Photoshop 或 Illustrator 中复制并粘贴一个图形到选定的模型上。

9.4 修改图形属性

我们可以调节每个标签的不透明度、粗糙度和金属感等属性。

1. 单击屏幕顶部的"相机标签"图标。
2. 单击 Starting View（原始视图）以查看喷雾罐的正面。
3. 在"场景"面板中选择 Background graphic。
4. 在"属性"面板中，将 Roughness（粗糙度）滑块更改为 30%，Metallic（金属）滑块更改为 70%，如图 9.15 所示。这个过程只影响背景图形。

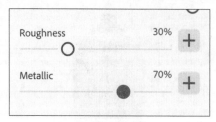

图9.15

5. 在"场景"面板中，选择 Lessence 标签图形。注意，在"属性"面板中，Metallic 值被设置为 0%，这意味着标签的表面会更平坦，这正是我们所希望的。

9.5　在 Illustrator 中编辑标签

放置好标签后，我们可以在 Illustrator 或 Photoshop 中对文件反复进行编辑。如果模型上放置了一个 AI 图形，当我们编辑图形时，它会在 Illustrator 中同步打开。如果放置了 JPEG、PNG 或 TIFF 图像，它会在 Photoshop 中同步打开以进行编辑。

1. 在"场景"面板中，选择 Lessence 标签图形。

2. 在"属性"面板中，单击 Image 旁边的图像样本。

3. 在出现的对话框中，双击图像或单击铅笔图标 ✐ 以在 Illustrator 中编辑图形，如图 9.16 所示。

图9.16

4. 在 Illustrator 中，将背景形状的颜色从粉红色改为浅绿色。当然，你也可以对其他图形进行编辑。

5. 在 Illustrator 中，选择 File（文件）>Close（关闭）。在弹出提示后，选择保存文件。

与此同时，Dimension 中的标签也进行了更新，其更改与在 Illustrator 中所做的更改一致，如图 9.17 所示。

图9.17

<table>
<tr><td>Id</td><td>提示：当将图形放在模型上时，我们并没有创建从模型到原始图像的链接。相反，所放置的图像被保存在 DN 文件的内部。因此，在 Illustrator 或 Photoshop 中编辑一个已放置好的图形时，你实际上编辑的是保存在 DN 文件中的图形。</td></tr>
</table>

9.6　添加背景颜色

该项目的最后一个部分是改变场景背景的颜色。

1. 在"工具"面板中选择"选择并移动"工具（键盘快捷键 :V）。

2. 单击模型周围的背景区域来选择环境。

3. 在"属性"面板中，单击 Background（背景）旁边的颜色样本，如图 9.18 所示。

图9.18

4. 单击 COLOR 选项卡，如图 9.19 所示。

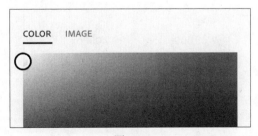

图9.19

5. 单击拾色器右下角的 Color Sampler（颜色采样）图标。
6. 用“颜色采样”工具单击模型的彩色区域。重复这个步骤，直到选择好适合背景的颜色，如图 9.20 所示。

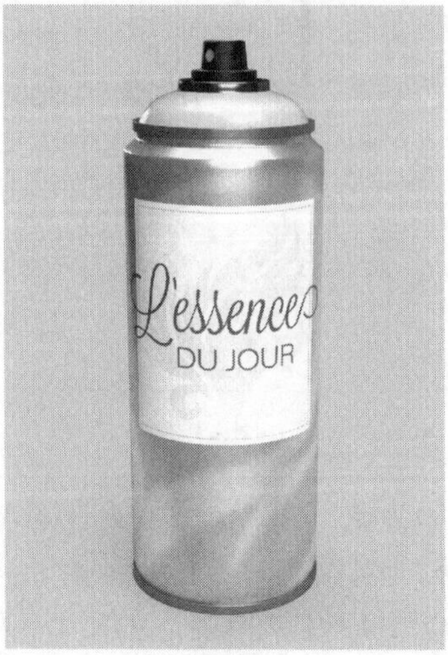

图9.20

9.7 使用高级功能

本节通过一个示例来讲解一些处理所放置的图形图像的高级技术。用户会学习如何堆叠半透明图形，如何控制图形最初应用于模型的位置，以及如何将图形图像的应用限制在模型的特定表面。

9.7.1 开始一个新项目并导入一个模型

创建一个新文件，并在场景中放置一个来自 Adobe Stock 的盘子模型。

1. 选择 File（文件）>New（新建）以启动一个新项目。
2. 在“属性”面板中，将 W（宽度）更改为 3000px，H（宽度）更改为 2000px，如图 9.21 所示。

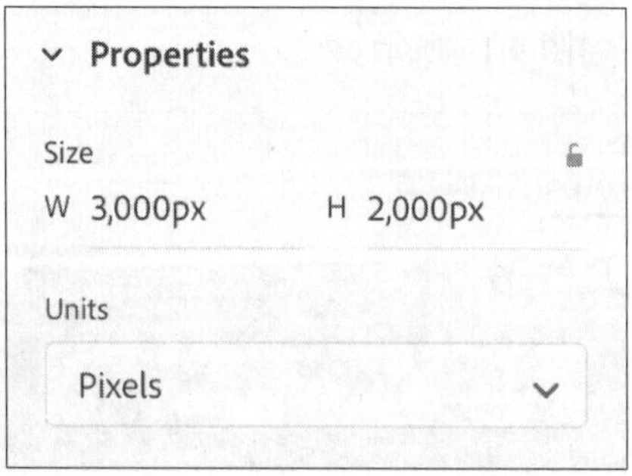

图9.21

3. 选择 View（视图）>Zoom to Fit Canvas（缩放以适合画布）以适应屏幕上新的画布大小。

4. 单击"工具"面板顶部的"添加和导入内容"图标 ⊕，选择 CC Libraries。

5. 在 Creative Cloud Libraries 面板搜索框右边的下拉列表中，选择 Adobe Stock，如图 9.22 所示。

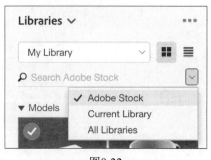

图9.22

6. 在搜索框中输入 178262437。

一个圆形盘子模型将出现。

7. 单击购物车图标 🛒 以将模型保存到库中。可能会出现提示，询问用户是否想要授权该免费模型。如果是，单击 OK 按钮。

8. 模型下载可能需要一些时间。下载完成后，单击模型将其添加到场景中。此时，模型位于场景的中心，与基准地平面贴合。

9. 选择 Camera（相机）>Frame Selection（选择帧），以适应屏幕上的盘子模型，如图 9.23 所示。

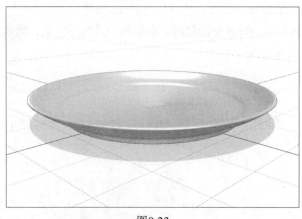

图9.23

9.7.2　在模型上放置重叠的半透明图形

模型的任何表面都可以应用多个重叠的图形。Dimension 可以显示图形的透明度，如果图形是半透明的，那么可以通过顶部的部分图形观察到底部的图形。

1. 选择 Orbit（轨道）工具（键盘快捷键:1），通过它来定位场景视图，这样可以直接向下看到盘子的顶部。再次选择 Camera（相机）>Frame Selection（选择帧），此时可以看到整个画布上的盘子，如图 9.24 所示。

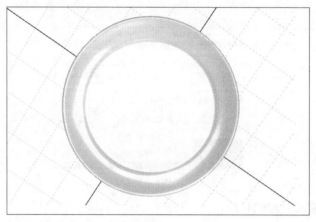

图9.24

将图形放在模型上时，Dimension 会让图形放在正对着摄像机的模型表面的中心。让相机正对你想要在模型上放置的图形的位置，此时的效果最好。这样，在放置图形之后，我们就不需要做太多的调整了。

2. 选择"选择并移动"工具（键盘快捷键:V），双击画布上的盘子模型。这将选择应用于盘子模型表面的材料。

3. 在"操作"面板中，单击模型图标 上的 Place Graphic。

4. 选择 Blue_watercolors.png 文件，然后单击 Open 按钮。

这个 PNG 文件是在 Photoshop 中创建的，它是一个透明的背景，背景上有用水彩笔刷创建的几个半透明的笔触，如图 9.25 所示。

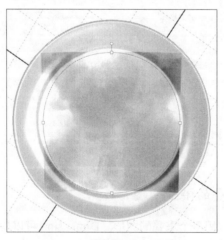

图9.25

5. 按住 Shift 键，单击并拖动已放置的图形中任意一个选择手柄，将图形放大到可以覆盖整个盘子的顶部。

按住 Shift 键可以使图形按固定比例进行缩放，如图 9.26 所示。

图9.26

6. 在"操作"面板中，单击模型图标上的 Place Graphic。

7. 选择 Blue_watercolors.png 文件，然后单击 Open 按钮。

8. 按住 Shift 键，单击并拖动所放置的图形上的一个选择手柄，将图形放大到可以覆盖整个盘子的顶部。

现在两个水彩画的付印文件相互堆叠。在"场景"面板中可以看到两个副本文件，如图 9.27 所示。

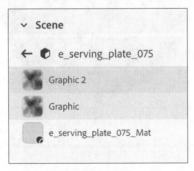

图9.27

旋转其中一个副本文件，重叠的半透明笔触会创建一个有趣的纹理。

9. 单击并拖动已放置图形顶部的旋转手柄来对图形进行旋转，这样两个图形就不会完全重叠在一起，如图 9.28 所示。

10. 在"操作"面板中，单击模型图标上的 Place Graphic。

11. 选择 Floral_border.png 文件，然后单击 Open 按钮。

12. 根据需要更改盘子上花边的大小和位置。在"场景"面板中，我们可以看到 e_serving_plate_075_Mat 材料上面叠加的 3 个图形，如图 9.29 所示。

图9.28

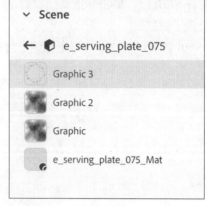

图9.29

13. 在"场景"面板中选择 e_serving_plate_075_Mat 材料。

14. 在"属性"面板中，单击 Base Color（基本色）旁边的颜色样本，将颜色更改为 R:230、G:255、B:230，结果如图 9.30 所示。

图9.30

9.7.3 解决图形重叠问题

将图形应用于模型时，图形通常会在模型的某个区域或表面重叠或环绕。如果我们不希望图形出现在该区域或表面，可以这样子做。

1. 选择 Orbit（轨道）工具（键盘快捷键 :1），在画布上向上拖动以定位场景视图，从而可以从地平面以下向上看到盘子的底部和侧面。

可以看到添加到盘子顶部的图形环绕出现在盘子的边缘。这是因为整个盘子的表面是一个应用了单一材料的单一模型。我们可以使用一种技术将图形的应用限制在盘子的顶部。

2. 选择 Magic Wand（魔棒）工具（键盘快捷键：W）。

3. 单击盘子的边缘区域以选择它，如图 9.31 所示。

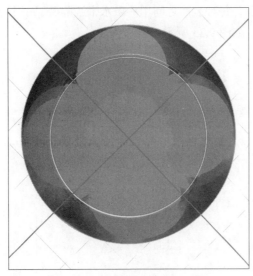

图9.31

4. 单击"工具"面板顶部的添加和导入内容图标⊕，选择 Starter Assets。

5. 单击"内容"面板中的 Plastic 材料，将其应用到盘子的选定区域。可以看到图形不会环绕在盘子边缘，因为图形只适用于模型上的单一材料。

6. 单击盘子的底部中心来选择它。

7. 单击"内容"面板中的 Cardboard Paper 材料，将其应用在盘子的底部区域。

8. 选择 Edit（编辑）>Deselect All（取消所有选择），如图 9.32 所示。

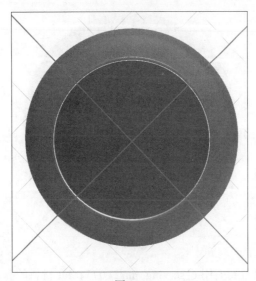

图9.32

9. 选择"选择并移动"工具（键盘快捷键 :V）。

10. 双击画布上的盘子模型，"场景"面板中会显示应用到盘子上的材料。这 3 种材料分别应用于盘子的不同表面，每种表面之间用一条水平线隔开。一个或多个图形可以独立应用于模型上的每个材料，如图 9.33 所示。

图9.33

11. 在"场景"面板中选择 Cardboard Paper。

12. 在"操作"面板中，单击模型图标 上的 Place Graphic。

13. 选择 Penguin_pottery_logo.png 文件，然后单击 Open 按钮。

14. 按照需要在盘子上确定商标的尺寸和位置，如图 9.34 所示。

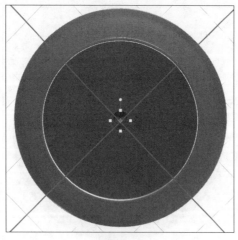

图9.34

在"场景"面板中可以看到应用 e_serving_plate_075_Mat 材料的有 3 个图形，应用 Cardboard Paper 材料的有 1 个图形，如图 9.35 所示。

15. 选择"轨道"工具（键盘快捷键 :1）在画布上向下拖动，可以看到盘子的侧面和顶部。

图9.35

16. 在"场景"面板中选择 Plastic 材料。

17. 在"属性"面板中，单击"基本色"旁边的颜色样本。

18. 在拾色器中，选中吸管工具图标 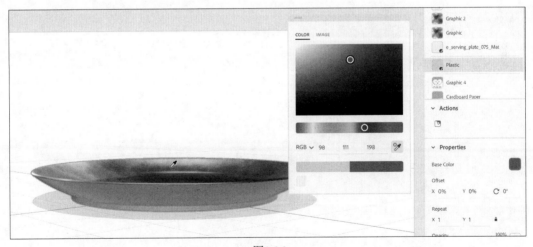，然后单击盘子顶面的蓝色区域来吸取蓝色，并将其应用到盘子边，如图 9.36 所示。

图9.36

19. 在"属性"面板中，将 Roughness（粗糙度）增加到 20%，使盘子的边缘不那么闪亮。

20. 选择"轨道"工具（键盘快捷键 :1），从不同角度来检查成品盘子，如图 9.37 所示。

图9.37

9.8　复习题

1. 材料和图形的区别是什么？
2. 什么样的文件格式可以当作图形？
3. 当一幅图像作为图形放置在模型表面时，该图像是链接到原始图形文件，还是成为 Dimension 文件的一部分？
4. 除了缩放、旋转或移动模型表面上的图形外，还可以更改图形的哪些属性？
5. 如果图形与模型的某个区域重叠，而我们不希望图形出现在该区域，可以使用什么样的方法来避免这种情况？

9.9　复习题答案

1. 材料和图形用于将颜色和图案应用到模型的表面。材料可以包含辉光、粗糙度、金属感和半透明度等属性。图形是一种简单的图像，可以环绕应用在模型的表面。
   - 材料不能叠加在模型的表面，但多个图形可以叠加在表面上。
   - 模型的表面可以包含一种材料和一个或多个图形。
2. AI (Adobe Illustrator)、PSD (Adobe Photoshop)、JPEG、PNG 或 TIFF 文件格式的图形可以应用于模型表面。
3. 图形会成为 Dimension 文件的一部分，不链接到原始图形文件。
4. 可以调整应用于模型的每个图形的不透明度、粗糙度和金属等属性。
5. 如果一个图形大范围地出现在表面模型，那么可以使用"魔棒"工具选择不希望出现在模型表面的图形，然后将新材料（或现有材料的另一个实例）应用于表面，从而避免这种情况的发生。

第10课 背景概述

课程概述

在本课，读者将了解如何在场景中添加一个 2D 背景图像，并学习以下内容。

- 什么样的文件格式可以导入。
- 什么类型的图片最适合作为背景图片。
- 如何自动匹配模型与背景图像，使它们看起来比较和谐。
- 自动图像匹配功能无法匹配图像中的透视图该怎么办。

学习本课内容大约需要 45 分钟。启动 Adobe Dimension 之前，请先在异步社区将本书的课程资源下载到本地硬盘中，并进行解压。在学习本课时，请打开相应的课程文件。建议先做好原始课程文件的备份工作，以免后期用到这些原始文件时，还需重新下载。

  Dimension 的图像匹配功能可以让用户快速地在背景中摆出 3D 模型，此背景可以是透视线清晰的照片。

10.1　背景图片的作用

Dimension 的主要目的是用一个或多个 3D 模型创建场景。新创建的文件的最初背景都是纯白色的。用户可以将这个背景的颜色更改为任何颜色，该颜色可应用于地板 (地面) 以及场景背景的其余部分。

用户也可以导入一张图像，将其用作场景中的 2D 背景。该图像的文件格式是比较常见的文件格式，如 AI、JPEG、PNG、PSD、TIFF，以及颜色模式为 CMYK、RGB、灰度或索引颜色的图像。

这些背景图像是静态的。用相机工具调整场景中模型的视图时，它们在背景中保持静止。

现在介绍一个常见的工作流程：你要构建一个包含一些 3D 模型的 3D 场景，然后使用相机工具来调整视角，使模型看起来是背景图像的一部分一样。Dimension 有一些强大的功能可以帮助用户完成此过程。

背景图像的工作流

有时，从一开始用户就需要有一个特定的背景图像，所以需要在添加和定位模型之前就将图像导入到场景中。

其他时候，用户可以创建具有一个或多个 Dimension 模型的场景，然后在项目即将完成时添加背景图像。

在其他情况下，如果无法找到合适的背景图像，那用户就需要自行构建图像。

在本节课中，我们将研究这些方法和流程。

10.2　使用背景图像开始一个项目

本节从创建一个项目开始。在这个项目中你将导入背景图像，指定相机透视图，然后将模型放入场景中。

1. 在 Dimension 中，选择 File (文件) >New (新建) 以创建一个新文件。

2. 选择 File (文件) >Import (导入) >Image as Background (将图像作为背景)。

3. 选择 Evening_party_tabletop.jpg 文件，然后单击 Open 按钮。

默认情况下，图像将以画布为中心被裁剪以填充画布。这节课我们保持图像不变。

4. 在 Actions (操作) 面板中，单击 Match Image (匹配图像) 按钮，如图 10.1 所示。

图10.1

5. 取消选择 Resize Canvas to (调整画布) 选项，在"匹配图像"对话框中选择其他 3 个选项，然后单击 OK 按钮，如图 10.2 所示。

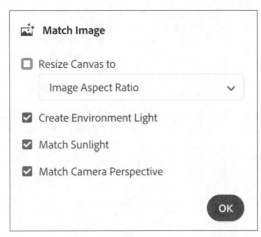

图10.2

由于照片中的木板创造了强烈、清晰的透视线，所以 Dimension 能够完美地将相机的透视与图像匹配起来。

为了更容易看到地面上的网格线，我们将它改为亮绿色。

6. 选择"选择并移动"工具（键盘快捷键 :V）。

7. 单击画布外的灰色区域。

8. 在"属性"面板中单击 Grid 旁边的拾色器，如图 10.3 所示。

图10.3

9. 将 R 的值改为 0、G 的值改为 255，B 的值改为 0。然后按 Esc 键关闭拾色器。

如果相机透视图看起来很不错，那么我们可以保存一个相机标签，以防稍后用户不小心更改了透视图。

10. 单击屏幕顶部的 Camera Bookmarks（相机标签）图标 。

11. 单击加号图标 ＋ 创建一个新的标签。

12. 要重命名标签，请输入 Ending view 并按 Enter/Return 键。

10.2.1 检查自动生成的灯光

Dimension 可以通过背景图像来自动提取并构建场景的光照和反射信息。

1. 单击背景图片以选中它。

2. 在"属性"面板中，单击 Image 右侧的图像样本，如图 10.4 所示。

通过该操作我们可以查看从背景图像自动生成的球形位图，如图 10.5 所示。Dimension 使用这张位图图像来创建环境光和反射。

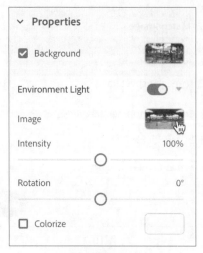

图10.4

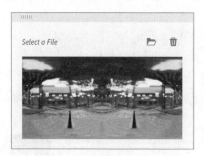

图10.5

3. 在远离图像选择器的地方单击以关闭它。

4. 在"属性"面板中，单击 Sunlight 旁边的展开图标◁，以打开 Sunlight 选项，如图 10.6 所示。

Dimension 会自动计算基于背景图像的日光属性值。对于这样的复杂图像，如果没有明确的太阳照射方向，Dimension 可能无法求出我们想要的场景光线值。

图10.6

在后面的课程中，我们会学习环境光和日光的相关选项。

10.2.2 为场景添加模型

一旦背景图像和透视图成功对齐，那在场景中定位模型就很容易了。

1. 单击"工具"面板顶部的 Add and Import Content（添加和导入内容）图标 ，并选择 CC Libraries。

2. 单击 Libraries（库）面板顶部的搜索框右边的箭头并选择 Adobe Stock，如图 10.7 所示。

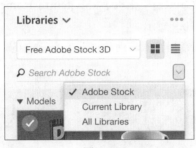

图10.7

3. 在搜索框中输入 199461253。屏幕上将显示一杯红酒的图像。它是一个免费的模型。

4. 单击购物车图标 ，将模型保存到库中。可能会出现提示，询问用户是否想要授权该免费模型。如果是，单击 OK 按钮。

5. 模型下载可能需要一些时间。下载完成后，单击模型将其添加到场景中。此时，模型位于场景的中心，并与基准平面贴合，如图 10.8 所示。基准平面位于木板上。

图10.8

6. 使用"选择并移动"工具（键盘快捷键 :V）和"选择并缩放"工具（键盘快捷键 :S）来调整玻璃杯在木板上的大小和位置。

7. 选择"选择并移动"工具（键盘快捷键 :V）。

8. 按住 Option 键（Mac）或 Alt 键（Windows），然后拖动鼠标来复制玻璃杯。如果只通过拖动红色或蓝色箭头来移动它时，那么玻璃杯仍在基准平面（与场景中的木板平齐）上。

9. 重复两次步骤 8，此时共有 4 个玻璃杯，按照你想要的方式来摆放它们。

10. 选择 Orbit（轨道）工具（键盘快捷键 :1）并旋转相机视图，以查看这些玻璃杯之间的相关位置。完成后，选择 Camera（相机）>Switch to Home View（切换到主视图），返回已保存的相机标签，如图 10.9 所示。

记住，背景图像视图不会随着相机工具而改变，它是静态的。相机工具只能改变场景中 3D 模型的视角。

图10.9

10.3   向现有场景添加背景图像

有时，我们需要在 Dimension 中用一个或多个模型来组装场景，然后再将背景图像加入到场景中。

1. 在 Dimension 中，选择 File（文件）>Open（打开）。

2. 选择文件 Lesson_10_02_begin。然后单击 Open 按钮。

这是一个由椅子、桌子和 4 个汽水罐组成的场景，如图 10.10 所示。创建场景时没有考虑背景图像。在构图的过程中，相机的视角被多次改变，以帮助我们在场景中准确地放置物体。现在，我们来添加一个背景图像，并让桌椅与背景图像完美的结合。

图10.10

3. 选择 File（文件）>Import（导入）>Image as Background（将图像作为背景）。

4. 选择文件 Village_square.jpg 并单击 Open 按钮。

背景图像以 Dimension 的文件为中心。但是背景的长宽比与 Dimension 文件的长宽比不同，如图 10.11 所示。我们希望 Dimension 的画布可以匹配背景图像的长宽比，并且 Dimension 文件的像素维度可以增加。

图10.11

提示：可以从 Finder (Mac)、File Explorer (Windows) 或 Adobe Bridge 中查找图形文件，并将其拖放到画布上以导入背景图像。

5. 使用"选择并移动"工具（键盘快捷键 :V），单击画布周围的灰色区域。

6. 在"操作"面板中，单击 Match Background Aspect Ratio（匹配背景纵横比）图标。这将更改 Dimension 文件的维度以匹配图像的长宽比。

7. 在"属性"面板中，单击 Width（宽度）和 Height（高度）文字框旁边的锁图标来约束比例。

8. 在"宽度"文字框中，在 508px 文本后面输入 *3 以将宽度乘以 3，然后按 Enter/Return 键。因为我们通过单击锁图标来限制比例，所以 Dimension 会自动计算高度以保持画布的比例。

9. 选择 View（视图）>Zoom（缩放）以适合画布。

将场景与图像匹配

如果选取的背景图像（像村庄广场的图像一样）中包含强烈的透视线，那么 Dimension 可以尝试将相机的透视与背景图像匹配。这可以省掉使用相机工具来进行的大量的工作，并可以获得正确的视角。

1. 选择 Image（图像）>Match Image（匹配图像）。

2. 取消选中 Resize Canvas to（调整画布）选项，在"匹配对象"对话框中选择其他 3 个选项，然后单击 OK 按钮，如图 10.12 所示。

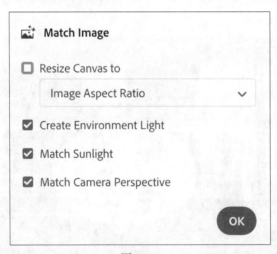

图10.12

注意，这些对象与新的透视图和相机角度对齐，它们之间的关系保持不变。

3. 选择"选择并移动"工具（键盘快捷键 :V）。

4. 要选择所有模型，请选择 Edit（编辑）>Select All（选择所有）。

5. 拖动红色和蓝色箭头，将模型放到合适的位置上，如图 10.13 所示。

图10.13

10.4 如何解决匹配图像选项没有正确设置透视的问题

在本课的前两个练习中,"匹配图像"命令非常有用,通过它可以很轻松地创建场景。但有时候 Dimension 无法精确计算出图像的透视图,此时需要用户进行一些操作。这种情况的发生有多种原因。例如,图像可能由于广角镜头或被编辑而产生失真。或者有时图像没有任何可见的消失线,而 Dimension 可以通过控制这些线来决定透视效果。

1. 在 Dimension 中,选择 File(文件)>Open(打开)。
2. 选择文件 Lesson_10_03_begin,然后单击 Open 按钮。

为了节省时间,这里选择文件的自带背景图像,并且网格线的颜色已被更改为红色。

3. 在"场景"面板中单击 Environment(环境)以选中它。
4. 选择 Image(图像)>Match Image(匹配图像)。
5. 在"匹配图像"对话框中,取消选中"调整画布"选项,并选择 Create Environment Light(创建环境光)和 Match Sunlight(匹配日光)选项,如图 10.14 所示。注意,在这种情况下,Match Camera Perspective(匹配相机透视图)选项可能是灰色的,这表明 Dimension 无法从文件中提取足够的信息来确定透视图。如果"匹配相机透视图"选项不是灰色的,那么取消选择该选项,这样就可以了解当 Dimension 无法帮助我们使用透视图时该怎么办。单击 OK 按钮。

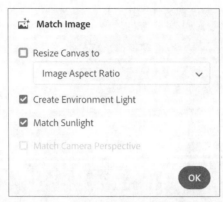

图10.14

6. 要想手动设置相机视角，请选择 Horizon（地平线）工具（键盘快捷键：N）。

7. 选中屏幕顶部的地平线，将其向下拖动一点。瞄准这样一个位置，该位置是两条停车线沿着远离相机的方向的延长线的交点。

8. 右键单击"地平线"工具，然后单击 Turn Camera（转动相机）工具来选择它。

9. 单击图像，然后多次将其向右拖动，直到屏幕中央的地平线附近的网格线消失，如图10.15 所示。

图10.15

10. 一旦有了想要的视角，用相机标签来保存相机的位置。单击屏幕顶部的"相机标签"图标⚑📷。

11. 单击加号图标＋创建一个新的标签。

12. 要重命名标签，请输入 Ending view 并按 Enter/Return 键。

Id | **注意**：由于有时相机镜头会发生扭曲，所以我们无法精确地绘制出消失线。关键是模型要足够近地接近场景，这样当我们将模型放置在场景中时，它们才会看起来就像是属于那里的。

给场景添加一个模型

一旦在场景中建立了与背景图像匹配的透视图，我们就可以使用这些信息来将模型放置到场景中了。

1. 单击"工具"面板顶部的"添加和导入内容"图标 ⊕，并选择 CC Libraries。
2. 单击 Libraries（库）面板顶部的搜索框旁边的向下箭头，然后选择 Adobe Stock。
3. 在搜索框中输入 201384101。一个红色皮卡车模型将出现，它是一个免费模型。
4. 单击购物车图标 🛒，以将模型保存到库中。可能会出现提示，询问用户是否想要授权该免费模型。如果是，单击 OK 按钮。
5. 下载模型可能需要一些时间。下载完成后，单击模型将其添加到场景中。

由于我们已经从根本上修改了透视图，所以模型被放置在画布之外的某个场景中，从当前透视图来看它是不可见的。

6. 为了让皮卡车更好地贴合场景，选择 Camera（相机）>Frame Selection（选择帧）（键盘快捷键 :F），结果如图 10.16 所示。

图10.16

7. 使用"选择并旋转"工具（键盘快捷键 :R），拖动绿色箭头使皮卡车绕 Y 轴旋转。
8. 在"属性"面板中，单击 Scale（缩放）旁边的锁图标 🔒。
9. 要使皮卡车变大，在 X 轴中输入 1.4 并按回车键。
10. 使用"选择并移动"工具（键盘快捷键 :V）将卡车放置到合适的位置，如图 10.17 所示。

图10.17

10.5 建立背景

如果无法找到适合场景的背景图像，我们可以通过图形程序（如 Adobe Photoshop 或 Illustrator）来创建一个 2D 背景，还可以使用 Dimension 上的几何模型来构建背景。

10.5.1 使用 Photoshop 中的 2D 背景

有时候，只需要一个非常简单的背景就可以让场景看起来很真实，而这个背景可以用 Photoshop 中的一些颜色或渐变来轻松构建。

1. 在 Dimension 中，选择 File（文件）>Open（打开）。

2. 选择文件 Lesson_10_04_begin，然后单击 Open 按钮。

3. 选择 File Import（导入文件）>Image as Background（将图像作为背景）。

4. 选择名为 Simple_background.psd 的文件并单击 Open 按钮。

该文件是我们在 Photoshop 中创建的一个简单的图像，它包括两个不同的渐变，分别代表"地板"和"墙壁"，或者"地面"和"天空"，如图 10.18 所示。当然，我们也可以用各种颜色、纹理和图案创造出更复杂的背景。

图10.18

5. 选择 Image（图像）>Match Image（匹配图像）。

6. 在"匹配图像"对话框中，选中 Resize Canvas to（调整画布）选项，并选中 Create Environment Light（创建环境光）和 Match Sunlight（匹配日光）选项，如图 10.19 所示。注意，在这种情况下，Match Camera Perspective（匹配相机透视图）选项是灰色的，表示 Dimension 无法从文件中提取足够的信息来确定透视图。单击 OK 按钮。

Dimension 无法确定透视图是因为简单的图像中没有透视线。此时我们需要手动地定位地平线。

图10.19

7. 选择 Horizon（地平线）工具（键盘快捷键 :N）。

注意没有地平线出现。这是因为，本例中的地平线由于相机角度的原因远离了画布顶部，它现在由文档窗口左上角和右上角的两个屏幕外图标 ◯ 表示。

8. 选择 Orbit（轨道）工具（键盘快捷键 :1）。

9. 向上拖动图像直到你可以从屏幕侧面看到这个场景。

10. 选择 Horizon（地平线）工具（键盘快捷键 :N）。

11. 将地平线放置在背景图像的地平线上，如图 10.20 所示。

图10.20

12. 单击屏幕顶部的"相机标签"图标 ⬚。

13. 单击加号图标 ＋ 创建一个新的标签。

14. 要重命名标签，请输入 Starting view 并按 Enter/Return 键。

15. 使用 Select and Move（选择并移动）、Select and Scale（选择并缩放）、Select and Rotate（选择并旋转）、Pan（平移）和 Dolly（推拉）工具，将模型放在你喜欢的位置上，如图 10.21 所示。

图10.21

10.5.2 在 Dimension 中建立三维背景

Dimension 中有一些简单的模型，如 Curved Plane（曲面）、Cloth Backdrop（布面背景）、Beach Towel（沙滩巾）、Hollow Sphere（空心球）、Hollow Cube（空心立方体）、Half Pipe（半管）和 Plane（平面）。我们可以用它们来构建一个虚拟的"集合"或"房间"，并在其中放置我们的模型。

1. 在 Dimension 中，选择 File（文件）> New（新建）。

2. 选择"选择并移动"工具（键盘快捷键:V）。

3. 单击"工具"面板顶部的"添加和导入内容"图标 ⊕，选择 Starter Assets（原始资源）。

4. 找到 Plane（平面）模型，单击将其放入场景中。

5. 要使平面更大，将"属性"面板中的 Scale（缩放）选项中的 X 更改为 4，Y 改为 1，Z 改为 2，如图 10.22 所示。

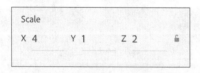

图10.22

6. 选择 Edit（编辑）>Copy（复制）。

7. 选择 Edit（编辑）>Paste（粘贴）。"场景"面板中现在有两个 Plane 模型，如图 10.23 所示。

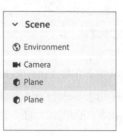

图10.23

8. 选择"选择并缩放"工具（键盘快捷键 :R）。

9. 逆时针拖动红色箭头旋转平面来使其垂直（旋转时按住 Shift 键会将每次的旋转角度限制在 15° 范围内，这样会让操作更容易）。

10. 选择 Object（对象）>Move to Ground（移到地面）将 Plane 模型向上滑动，使其底边位于地面上。

> **注意**：Plane 模型只有一面是"好"的，可以正确地显示材料。所以很重要的一点是，好的一面要朝着想要的方向。好的一面最开始是向上的。如果想要旋转这个平面，那么需要确保旋转的方式可以使"向上"的一面朝着我们想要的方向。

11. 选择 Camera（相机）> Frame All（所有帧），这样可以看到完整的两个平面，如图 10.24 所示。

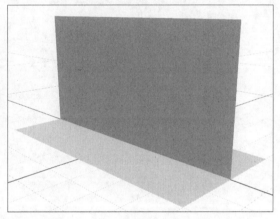

图10.24

12. 选择"选择并移动"工具（键盘快捷键 :V）。

13. 向右拖动绿色箭头，直到垂直面的下边界线与水平面的后边界线对齐，如图 10.25 所示。

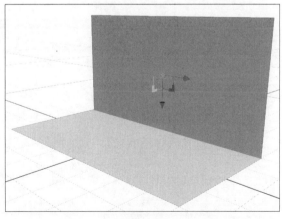

图10.25

14. 在 Starter Assets（原始资源）列表中，找到 Aluminum 材料并将其拖放到垂直平面上。

15. 在"原始资源"列表中，找到 American Cherry Wood 材料并将其拖放到水平面上。

16. 单击画布上的某个地方，但不是两个平面上的地方，来取消所有的选择。

17. 选择这两个 Plane 模型，并选择 Object（对象）>Lock/Unlock（锁/解锁）。

可以看到"场景"面板中模型的旁边出现了一个锁图标。这样，当你放置模型，不用担心会影响到这个背景（两个 Plane 模型）。

18. 将模型放置在底部平面上，然后根据需要调整相机角度并渲染场景，如图 10.26 所示。

图10.26

10.6 复习题

1. 将背景图像导入场景的两种方法是什么？
2. "匹配图像"选项能实现的 4 个功能是什么？
3. 如果"匹配图像"选项不能正确地显示透视图，那么应该使用什么工具来纠正透视图？
4. 访问"匹配图像"选项的两种方法是什么？

10.7 复习题答案

1. 可以通过选择 File（文件）>Import>Image as Background（将图像作为背景）来导入，也可以将 Mac Finder、Windows 文件资源管理器或 Adobe Bridge 中的图像拖放到画布上来导入背景图像。
2. "匹配图像"选项可以实现的 4 个功能如下：调整画布大小，让其匹配图像大小或图像的长宽比；基于背景图像创建自定义环境光；从图像中提取阳光的方向和角度；匹配相机的视角。
3. Horizon（地平面）工具是你用来纠正或调整透视图的主要工具。
4. "匹配图像"功能可以在 Image（图像）>Match Image（匹配图像）中找到，也可以在选择背景图像时在 Actions（操作）面板中找到。

第11课 使用灯光

课程概述

在本课，我们将探索和应用三维场景中的灯光，并学习以下内容。

- 环境光与日光的区别。
- 如何从背景图像自动创建环境光。
- 如何改变日光的性质。
- 如何加载新的环境光并更改其属性。

学习本课内容大约需要45分钟。启动 Adobe Dimension 之前，请先在异步社区将本书的课程资源下载到本地硬盘中，并进行解压。在学习本课时，请打开相应的课程文件。建议先做好原始课程文件的备份工作，以免后期用到这些原始文件时，还需重新下载。

Dimension 中环境光和日光的属性决定了我们可以创建逼真的高光、阴影和反射。

11.1　了解并使用两种类型的光

Dimension 软件包含两种类型的照明：环境光和日光。环境光提供一般的环境照明、阴影和反射。日光是一种强方向性的光，可以与环境光分开操作。一个场景可能只包含环境光或日光，也可能两种类型的光都包括。

这两种照明的属性在 Properties（属性）面板中进行设置。

11.2　环境光实验

在本练习中，我们会在一个不太完整的场景中使用环境光进行实验，并观察结果。

1. 在 Dimension 中，选择 File（文件）>Open（打开）。

2. 选择名为 Lesson_11_begin.dn 的文件，该文件位于用户复制到硬盘上的 Lessons>Lesson11 文件夹中，然后单击 Open 按钮。

为了模拟添加了现代雕塑的广场背景图像，我们将 Mobius Strip 模型从 Starter Asserts（原始资源）放置到场景中，并将金属材料应用到该模型表面。在该文件中，相机透视图已经与模型精准匹配，并已被保存为相机标签，但是没有对灯光进行任何处理。

3. 由于画布上的渲染只显示非常粗略的近似值，所以在学习本课程时，需要显示 Render Preview（渲染预览）窗口。请单击 Render Preview（渲染预览）图标 。

4. 如果渲染预览默认为全屏视图，那请单击"渲染预览"窗口顶部的全屏图标 来将预览窗口缩小，这样就可以同时看到渲染预览页面和画布了，如图 11.1 所示。

图11.1

5. 在"场景"面板中，单击 Environment（环境），如图 11.2 所示。

图11.2

6. 在"属性"面板中，单击 Environment Light（环境光）旁边的开关以关闭环境光。可以看到模型完全变暗，这是因为没有环境光或日光照射到模型表面。在渲染预览中，地面也完全变成黑色，如图 11.3 所示。

图11.3

7. 再次单击"环境光"旁边的开关，将环境光打开。

可以看到模型的金属表面有高光和反射，但它们似乎与背景图像没有任何关系。

8. 在"属性"面板中的"环境光"下，单击 Image 右边的图像样本，如图 11.4 所示。

以上操作将显示用于环境光的图形。如果没有指定其他环境光，那么它就是用于新文件的默认环境光。这个默认环境会模拟一个典型的工作室灯光，如图 11.5 所示。

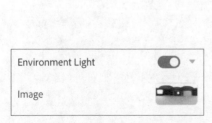

图11.4

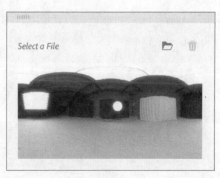

图11.5

创建自定义环境光

如果打在模型上的光线与打在建筑物墙壁上的光线相匹配，同时模型闪亮的表面上反射出了广场和建筑物，那么这个场景会看起来更加真实。Dimension 可以自动从背景图像中提取此信息。

1. 在 Actions（操作）面板中，单击 Match Image（匹配图像）按钮，如图 11.6 所示。

图11.6

2. 只选择 Create Environment Light（创建环境光）选项，其他选项全部取消选择，然后单击 OK 按钮，如图 11.7 所示。

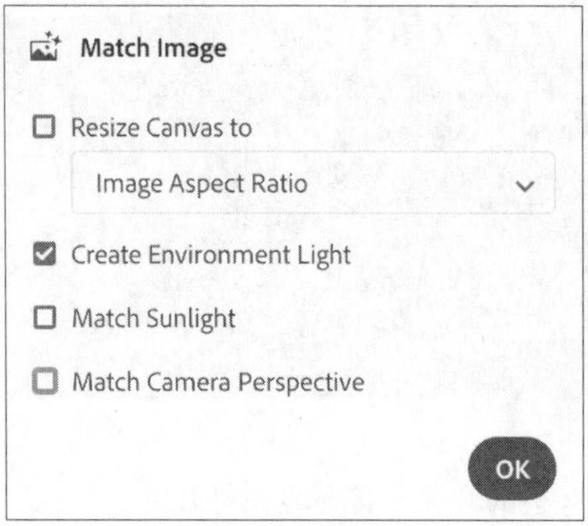

图11.7

可以看到金属表面反射出了地砖图案和建筑拱门，如图 11.8 所示。

图11.8

3. 单击"属性"面板中"环境光"选项下的 Image（图像）旁边的图像样本。
Dimension 用背景图像自动创建的球形图像会以平面的形式展示，如图 11.9 所示。

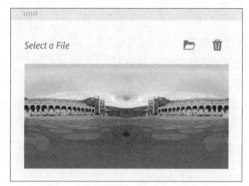

图11.9

4. 再次单击图像样本以关闭图像选取器。

5. 在"属性"面板中"环境光"选项下，将 Intensity（强度）增加到 130%，这会使模型（而不是背景图像）更亮。

6. 在（属性）面板中，将 Environment Light Rotation（旋转环境光）滑块向左拖动。

拖动滑块时，可以看到环境光水平旋转时所产生的球面投影，该投影中有不同的反射、高光和阴影。

7. 在"属性"面板中"环境光"选项下，单击白色色块对样本进行着色。单击拾色器中的颜色采样图标，然后单击天空中淡蓝色区域的某个位置。此时，环境光呈现出蓝色，如图 11.10 所示。

图11.10

8. 使用"选择并旋转"工具来选择模型（键盘快捷键 :R）。

9. 拖动绿色旋转箭头使模型绕 X 轴旋转。此时，可以看到模型表面上的反射、高光和阴影发生了变化。

10. 选择 Edit（编辑）>Undo Transform（撤销旋转）将模型旋转回其原始位置。

11.3　日光实验

除了环境光外，场景还可以使用第二种光源——日光。这种光源被称为日光，且默认情况下它具有实际日光的许多特性，但仍然可以把它看作另一种光源（不同于环境光）。通过控制光源的高度、角度、强度和颜色，它可以模拟多种方向的光源。

1. 单击"场景"面板中的"环境"以选择环境。

2. 单击"操作"面板中的"匹配图像"选项。

3. 取消选择除 Match Sunlight（匹配日光）外的所有选项，然后单击 OK 按钮，如图 11.11 所示。

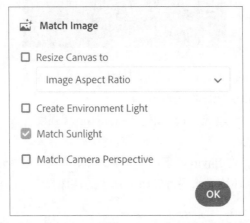

图11.11

在"属性"面板中，可以看到 Sunlight（日光）选项已经打开，以及太阳在观察者左肩上方的某个地方时模型在地面上投射的阴影。

4. 单击"日光"旁边的显示箭头 ◀ 以显示"日光"选项（如果它还没有显示）。

5. 将日光的 Intensity（强度）值增加到 190%。你会看到模型投射的阴影变暗了，如图 11.12 所示。

图11.12

注意：强度特性由日光的亮度控制。当太阳的位置较高的时候，Dimension 会自动让太阳变亮，当它接近地平线的时候，Dimension 会自动让它变暗。我们可以使用日光属性中的 Height 滑块来操纵太阳的高度。

6. 向左拖动 Cloudiness（云量）滑块直到最左边。可以看到投射的阴影变得更暗，云量为 0%。

7. 向右拖动 Cloudiness（云量）直到拖到最右边。可以看到投射的阴影变得更淡，云量为 100%。

"云量"属性可影响投射阴影和黑暗的柔化程度。云量值为 0% 时创建边缘锋利的阴影，云量值为 100% 创建边缘柔和的阴影。阴影边缘的这种差异不会在画布预览中显示，它只在渲染预览或渲染场景时显示。

8. 使用"日光"选项中的 Height（高度）滑块来进行实验。

"高度"属性可以控制太阳的垂直旋转角度。太阳仍然从同一方向发出太阳光，但是它在天空中的高度发生了变化。"高度"接近 0° 太阳会与地面形成一个非常小的角度，产生长阴影。"高度"为 90° 时太阳会提供自顶向下的照明，就像现实中正午的太阳那样，产生非常短的阴影。

9. 现在使用"日光"选项中的 Rotation（旋转）滑块来进行实验。这个滑块用于控制场景周围光线的水平旋转，从而改变阴影的方向。

注意：除了可以改变阴影的长度外，"高度"滑块还会改变太阳产生的光的颜色。低角度的太阳会产生淡红色的光线，就像现实中黎明或黄昏时的太阳光的颜色；"高度"的值接近 90° 时会产生明亮的白光，就像现实中接近中午时的太阳光的颜色。如果选中 Colorize（着色）选项，Dimension 会用所选的日光颜色来覆盖自动的着色。

11.4 使用自定义环境光

有时我们不想通过背景图像来创建自定义环境光，而是想要在环境光下使用不同的图像。这对于没有背景图像或者背景图像非常简单的场景特别有用。

1. 在"属性"面板中，取消选择 Background（背景）选项。

这将使背景图像从场景中消失。注意，即使背景图像不可见，但模型上仍然保留着背景图像的反射图案，因为从背景图像创建的光线仍然应用于场景。

2. 单击"工具"面板顶部的"添加和导入内容"图标 ➕，并选择"原始资源"。

3. 单击 Light（灯光）图标 ☀，以在面板中只查看灯光。

4. 单击"内容"面板中的 Studio panel Light（工作室灯光）。工作室风格的灯光将被应用到场景中，而日光被关闭。"渲染预览"窗口可以很好地预览模型的闪亮金属表面上的反射，如图 11.13 所示。

5. 单击"属性"面板中 Image（图像）选项旁边的图像样本，查看"工作室面灯光"的球形表示，如图 11.14 所示。

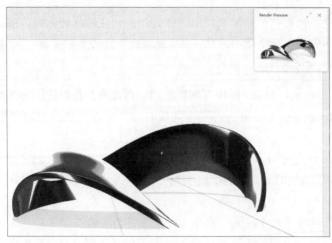

图11.13

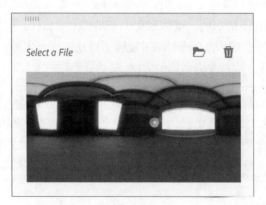

图11.14

6. 单击"内容"面板中的其他灯光，来查看"原始资源"中可用的各种灯光。

 注意：可以在 Adobe 官网中购买基于环境光的图像，这些图像专门针对 Dimension 进行了优化。

将位图图像作为环境光

除了来自"原始资源"或 Adobe Stock 的灯光之外，我们还可以将任何 JPEG 或 PNG 图像作为环境光。此时，Dimension 先将图像转换为 360° 全景图像，然后使用 Photoshop 中的内容感知填充技术来填充缺失的区域。

1. 选择 File（文件）>Import（导入）>Image as Light（将图像作为光）。

2. 选择名为 Sunrise.jpg 的文件，然后单击 Open 按钮，文件如图 11.15 所示。

3. 在"属性"面板中，单击"图像"选项旁边的图像缩略图，查看 Dimension 用 JPEG 图像生成的全景图像，如图 11.16 所示。

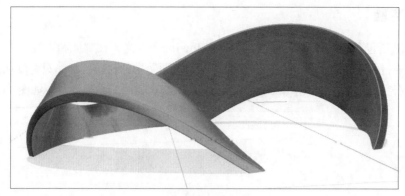

图11.15

原始的JPEG图像作为光被导入   由Photoshop创建的全景图像

图11.16

4. 选择 Orbit（轨道）工具（键盘快捷键 :1），并旋转场景视图，查看从不同角度观察模型时，光如何出现在模型表面。

5. 选择 Camera（相机）>Switch to Home View（切换到主视图），以返回原始相机视图。

光和文件格式

使用JPEG或PNG图像作为环境光时，Dimension不会产生逼真的光照和阴影，这是因为图像的动态范围较低。这些图像只提供环境照明和反射。你可以通过日光来添加更逼真的照明和阴影。

我们也可以将HDR或EXR图像作为环境光。这些具备高动态范围的图像可以产生逼真的照明、反射和阴影。

还可以导入IBL格式的文件作为环境光。IBL文件是打包的容器，其中包含多个用于照明、反射和背景的图像。这种格式会产生非常逼真的光影效果，但是由于文件格式的不一致性，不是所有的IBL文件都可以导入。

11.5 发光实验

场景中可能还包含另一种光源：发光材料。Glowing（发光，在"原始资源"中）就是这种材料的一种。这种材料可以自己发光，不像其他"原始资源"中的材料一样，只有默认的反射光。

1. 在"属性"面板中，单击 Background（背景）选项旁边的图像样本，如图 11.17 所示。

图11.17

2. 单击 Color（颜色）标签。

3. 将 RGB 的值依次设为 140、130、130，然后按 Esc 键关闭拾色器，如图 11.18 所示。

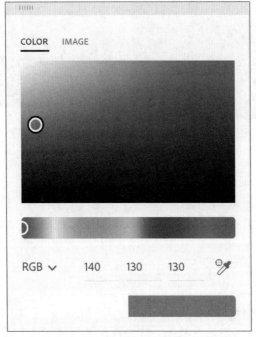

图11.18

4. 单击"场景"面板中的 Environment（环境）标签。

5. 在"属性"面板中，关闭 Environment Light（环境光）和 Sunlight（日光）。可以看到画布上的模型完全变黑，因为没有环境产生的光或日光反射到模型上，如图 11.19 所示。

6. 在"内容"面板中，单击 Materials（材料）图标 ，来仅查看面板中的材料。

7. 将 Glowing 材料拖放到模型表面。

现在模型是发光的，光还照射到了黑暗的地面上。在"渲染预览"窗口中，可以看到模型发出的光产生的阴影，如图 11.20 所示。

图11.19

图11.20

8. 在"内容"面板中，找到 Brass（黄铜）材料并将其拖放到 Mobius Strip 模型上。

模型又变黑了，因为场景中没有灯光，黄铜材料也不发光。但是在"属性"面板中，可以看到黄铜材料有发光属性（Glow），如图 11.21 所示。

图11.21

9. 将 Glow 滑块拖到 40%，可以看到模型发光了。

10. 在"内容"面板中，单击 Model（模型）图标 ，来只查看面板中的模型。

11. 找到 Sphere（球体）模型，并单击它将其添加到场景中。它将被添加到 Mobius Strip 模型的后面。

在"渲染预览"面板中，你应该可以在球体表面看到一个微弱的黄色光源。从具有发光特性的材料中发出的光将照亮场景中的其他模型，如图 11.22 所示。

图11.22

Id 　提示：如果将 Glow（发光）滑块拖动右侧，可以让"原始资源"中的所有材料都发光。

11.6 复习题

1. Dimension 文件中可以存在的 3 个光源是什么?
2. 如果场景中没有环境光和日光会发生什么?
3. Cloudiness(云量)属性会对场景产生什么影响?
4. 增加太阳高度(Height)会对场景产生什么影响?
5. 什么样的文件格式可以用来创建自定义环境光?

11.7 复习题答案

1. Dimension 文件中存在的 3 个光源是环境光、日光和具有发光特性的材料。
2. 场景中的所有模型全部变成黑色,地面也变成了黑色。
3. 增加 Cloudiness(云量)属性可以使场景中对象投射的阴影更淡,阴影的边缘更柔和。
4. 增加太阳高度时,对象投射的阴影变短,日光的颜色会变得更白。
5. 可以使用以下格式的 5 个文件创建自定义环境光:IBL、JPEG、PNG、HDR 和 EXR。

第12课　挑战极限:模型和场景构建技术

课程概述

在本课中，我们将了解如何通过 Dimension 把模型和简单几何对象组装成新的模型和场景，从而突破 Dimension 的限制。此外，我们还将学习以下内容。

- 如何在 Dimension 中放置和使用简单几何形状以构建更复杂的模型和设计。
- 如何使用步进和重复对象来创建几何模型。
- 处理平面对象的局限性。
- 如何创造性地从场景中的其他模型中提取并使用部件和材料。

学习本课内容大约需要 60 分钟。启动 Adobe Dimension 之前，请先在异步社区将本书的课程资源下载到本地硬盘中，并进行解压。在学习本课时，请打开相应的课程文件。建议先做好原始课程文件的备份工作，以免后期用到这些原始文件时，还需重新下载。

  Dimension 不用于从头构建模型。只要有一定的创造性，我们就可以通过组合简单的模型来形成更复杂的模型。在上图中，每一块砖都是由 8 个圆柱体模型和 1 个立方体模型组成的。

12.1 理解 Dimension 的预期用途

Dimension 不是一个三维建模软件，不用于创建模型。用户可以从原始资源、Adobe Stock 或其他地方获得模型，然后使用 Dimension 来排列组合这些模型，将材料应用到它们的表面，并自定义照明条件，最后将修改后的模型与背景图像组合在一起。

三维建模软件相当复杂，想要学会它们需要有计划地、长时间地学习。但是，用户可以通过一定的独创性和创造力，对几何形状进行分组，并从其他模型中拾取需要的素材，从而在 Dimension 中创建一个新的模型。

通过学习本课，读者会对用 Dimension 构建模型和场景的限制有更多的思考。

本课包括了多方面的探索，让用户思考一些可能性，以推动建模和 Dimension 中场景建设的限制。

12.2 使用原始资源中的几何形状

Dimension 的原始资源包括以下几何模型：

- 球体、空心球体；
- 立方体、空心立方体、圆角立方体；
- 气缸、圆形气缸；
- 圆锥、空心圆锥和底面为球体的圆锥；
- 棱镜；
- 胶囊；
- 盘子、平面；
- 四面体（4 面）、锥体（5 面）、八面体（8 面）、十二面体（12 面）、短二十面体（32 面，足球形状）；
- 水晶；
- 水滴；
- 管道、半管道；
- 环状；
- 星星；
- 莫比乌斯带；
- 抽象的曲线。

我们可以通过不同的方式来对这些模型（见图 12.1）进行缩放、拉伸和组合，以构建更意想不到的场景。

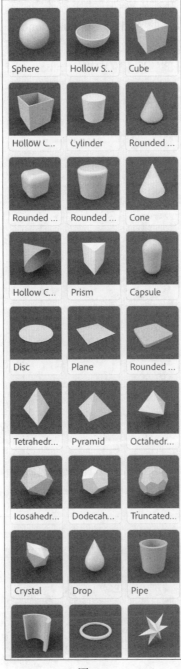

图12.1

12.2.1 建造乐高积木

在本节中，我们将使用立方体和圆柱体模型来创建一个乐高砖块。

1. 选择 File（文件）>New（新建）以创建一个新文档。

2. 单击 Tools（工具）面板顶部的 Add and Import Content（添加和导入内容）图标⊕，并选择 Starter Assets（原始资源）。

3. 在 Content（内容）面板顶部的搜索框中输入 cube，如图 12.2 所示。

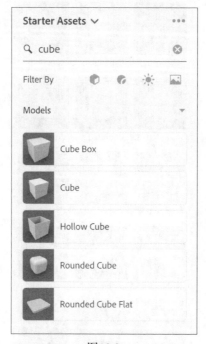

图12.2

4. 单击 Cube 以将模型放入场景中。

5. 使用 Select and Scale（选择并缩放）工具（键盘快捷键 :S），按照乐高积木的比例将立方体拉伸成一个长方体，如图 12.3 所示。

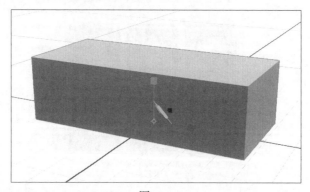

图12.3

6. 在"内容"面板顶部的搜索框中输入 cylinder。

7. 单击 Cylinder 以将模型放入场景中。

8. 选择 Camera（相机）>Frame All（所有帧），可以看到所有的模型（圆柱体可能比缩放后的立方体模型要大得多，这取决于你缩放立方体的方式）。

9. 使用"选择并缩放"工具（键盘快捷键 :S）和 Select and Move（选择并移动）工具（键盘快捷键 :V）来调整圆柱体的大小。将圆柱体移动到合适的位置（长方体的上面）。

因为砖块是完全不透明的，所以圆柱体插入长方体中的长度无关紧要。换句话说，不需要让圆柱体正好贴在长方体的表面上。圆柱体可以比你想要的高度在高一些，另一部分的圆柱体隐藏在长方体的内部，如图 12.4 所示。

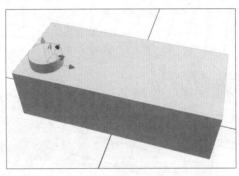

图12.4

这个过程中可能需要使用相机工具（Orbit、Pan 和 Dolly）来频繁地更改视图模型，以便于观察和调整圆柱体的大小和位置。

10. 选择 Edit（编辑）>Duplicate seven times（多次复制）以创建 7 个相同的圆柱体。使用"选择并移动"工具（键盘快捷键 :V）将复制好的圆柱体拖放到长方体上。

在对齐长方体顶部的圆柱表面时，Dimension 没有提供对齐功能或对齐网格功能。此时需要用户仔细观察各个位置。

谨慎使用"选择并移动"工具可以在某种程度上解决这个问题。例如，我们可以在 Z 方向上拖动 4 个圆柱体，将其排成一行，然后在 X 方向上复制刚才的 4 个圆柱体来创建第二个行。这样，乐高积木就做好了，如图 12.5 所示。

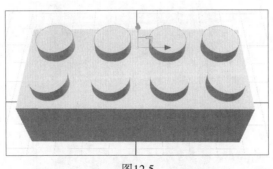

图12.5

11. 使用"选择并移动"工具拖曳所有的模型，以选择乐高积木的所有部分。

12. 选择 Object（对象）>Group（编组）来将所有对象组合在一起。

13. 在"内容"面板顶部的搜索框中输入 plastic。

14. 单击 Plastic 材料以将其应用到模型中。

15. 双击画布上乐高积木的任何位置，就可以在"场景"面板中显示应用于模型的材料了。

16. 在"属性"面板中，单击 Basic Color（基本色）旁边的拾色器，然后选择鲜红色。

即使只更改了组中的一个模型的材料的颜色，所有模型的颜色也都会更改，因为材料链接到了所有模型。

你可以通过复制积木组、更改所复制积木的颜色和堆叠积木来进行进一步的试验，如图 12.6 所示。

图12.6

12.2.2 构建潜水艇

在本节中，我们将使用胶囊、球体、圆柱体和立方体模型来构建潜艇模型。

1. 选择 File（文件）>New（新建）来创建一个新文档。

2. 单击"工具"面板顶部的"添加和导入内容"图标 ⊕，并选择"原始资源"。

3. 在"Content"面板顶部的搜索框中输入 cylinder。

4. 单击 Cylinder（圆柱体）模型以将它放入场景中，如图 12.7 所示。这个圆柱体是潜水艇的主体。

图12.7

5. 旋转圆柱体使其为侧卧状态，具体方法为在"属性"面板的 Rotation（旋转）选项下的 X 文本框中输入 90°。

6. 将圆柱体拉长，具体方法为在"属性"面板的 Scale（缩放）选项下的 Y 文本框中输入 2.6，如图 12.8 所示。

7. 选择 Dolly（推拉）工具（键盘快捷键 :3），在屏幕上将圆柱体向下拉一点，这样就可以看到整个圆柱体。

8. 选择 Object（对象）>Move to Ground（移至地平面），让圆柱体与地面贴合，如图 12.9 所示。

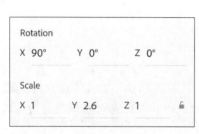

图12.8

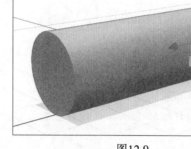

图12.9

9. 在"内容"面板顶部的搜索框中键入 sphere。

10. 单击 Sphere 模型以将它放入场景中。由于圆柱体仍然位于原点，所以球体可以很好地与圆柱体对齐。

为了使组成潜水艇主体的所有部件更容易对齐，最简单的方法是让每个物体尽量在画布上处于原点位置。这样，在默认情况下，对象通常会彼此对齐。所以不要移动模型，如果需要从不同的角度观察对象，可以使用相机工具进行移动。

11. 选择 Orbit（轨道）工具（键盘快捷键 :1），然后移动相机，这样就可以从侧面观察圆柱体了。

12. 用"选择并移动"工具（键盘快捷键 :V）选择球体模型，按住 Option 键（Mac）或 Alt 键（Windows），然后向左拖动蓝色箭头以复制一个球体模型，最后将复制的球体模型添加到圆柱体的左端，如图 12.10 所示。

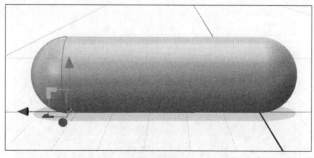

图12.10

左边的球体是潜水艇的前端，圆柱体是潜水艇的主体。现在把潜水艇的前端和后端缩小一点。

13. 要想把前面（左侧）的球体变细，请在"属性"面板中 Scale（缩放）选项下的 Z 文本框中输入 1.4。

14. 选择潜艇后面（右侧）的球体，在"属性"面板中 Scale（缩放）选项下的 Z 文本框中输入 4.6，结果如图 12.11 所示。

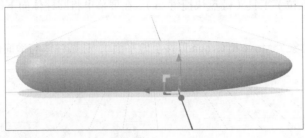

图12.11

15. 单击"内容"面板中的 Cylinder（圆柱体）模型来将另一个圆柱体放入场景中。

16. 使用"选择并缩放"工具（键盘快捷键 :S）和"选择并移动"工具（键盘快捷键 :V）来调整新建圆柱体的大小并将其移动到合适的位置，使其成为潜水艇顶部的指挥塔，如图 12.12 所示。

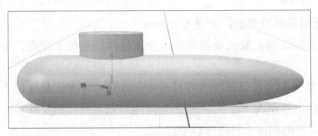

图12.12

17. 选择"轨道"工具（键盘快捷键 :1），移动相机从不同角度来查看潜水艇。

如果每一个步骤都正确执行，并且限制了对象在轴线上的缩放和移动，那么潜水艇应该是对称的。

你可以为潜水艇增加更多的细节，详细信息请参考 Lesson_12_02_end.dn 文件的提示，如图 12.13 所示。

图12.13

12.2.3　创建一个 3D 设计

接下来，我们将会重复使用一个简单的几何形状来完成一个有趣的 3D 设计。

1. 选择 File（文件）>New（新建）以创建一个新文档。
2. 单击"工具"面板顶部的"添加和导入内容"图标 ➕，并选择"原始资源"。
3. 在"内容"面板顶部的搜索框中键入 hollow。
4. 单击 Hollow Sphere 模型以将它放入场景中。
5. 在"属性"面板中 Scale（缩放）选项下的 Y 文本框中输入 0.3，让球体变得扁平，如图 12.14 所示。

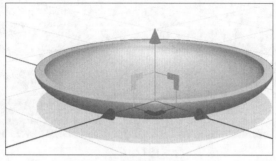

图12.14

6. 选择"轨道"工具（键盘快捷键 :1）并移动相机，这样就可以从上面查看球体了。
7. 选择"选择并移动"工具（键盘快捷键 :V）。
8. 按住 Option 键（Mac）或 Alt 键（Windows），并向右拖曳蓝色箭头以在原来球体的右边创建一个复制的球体。让球体部分重叠。
9. 选择第二个球体，再次按住 Option/Alt 键，并向右拖曳蓝色箭头以创建第三个重叠的球体，如图 12.15 所示。

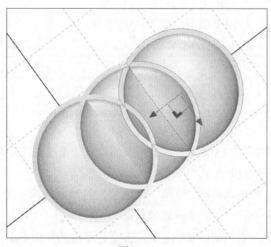

图12.15

10. 同时选中这 3 个球体。

11. 按住 Option/Alt 键，向下拖动红色箭头，以创建另外 3 个重叠的球体。

尝试以有趣的方式复制重叠的球体，从而创建想要的新模型，如图 12.16 所示。

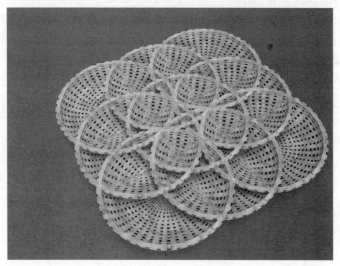

图12.16

12.3　创造性地使用步进和重复

就像 Adobe Illustrator 一样，Dimension 中没有步进和重复命令，也没有任何方法可以重复最后的转换。但是通过一些方法，我们仍然可以在 Dimension 上执行精确的步进和重复命令。

1. 选择 File（文件）>Open（打开）。

2. 选择名为 Lesson_12_04_begin.dn 的文件，该文件位于用户复制到硬盘上的 Lessons>Lesson12 文件夹中，然后单击 Open 按钮。

这个场景包括用 Plane（平面）模型创建的两面墙和地板，以及一个木制凉亭的一部分。文件中的木制凉亭是通过不成比例地拉伸两个立方体形成的。接下来，我们使用步进和重复来创建一个完整的凉亭。

3. 选择"选择并移动"工具（键盘快捷键 :V）。

4. 单击"场景"面板中的 Arbor Unit（凉亭单元），选择构成凉亭的垂直和水平木条。

在"属性"面板中，注意 Arbor Unit X 轴的值为 0。

5. 按住 Option/Alt 键并将红色箭头向右拖动来创建一个重复的凉亭单元，如图 12.17 所示。

6. 在"属性"面板中，记下复制的凉亭单元的 X 位置。

7. 选择 Edit（编辑）>Duplicate（复制）以创建凉亭单元的第二个副本。这个副本在场景中不可见，因为它位于第二个凉亭单元的顶部。

8. 在"属性"面板中，在 Position（位置）选项下 X 值的后面单击，输入 +（加号），然后输入在步骤 6 中记下的 X 轴的值，完成后按 Enter/Return 键，如图 12.18 所示。

图12.17

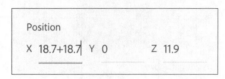

图12.18

9. 选择第三个凉亭单元，然后选择 Edit（编辑）>Copy（复制）。

10. 在"属性"面板中，在 Position（位置）选项下 X 值的后面单击，输入 +（加号），然后输入在步骤 6 中记下到的 X 轴的值。完成后按 Enter/Return 键。

尽可能多地重复这个过程，如图 12.19 所示。

使用这种方法，可以精确地对对象进行步进和重复操作，确保对象的间距相等。

图12.19

12.3.1 逐步旋转并重复

在"属性"面板中选择 Top Center（顶部中心）、Center（中心）或 Bottom Center（底部中心）的旋转点的功能对于单步执行和重复对象的旋转非常有用。

1. 选择 File（文件）>New（新建）以创建一个新文档。

2. 单击"工具"面板顶部的"添加和导入内容"图标⊕，并选择"原始资源"。

3. 在"内容"面板顶部的搜索框中输入 drop。

4. 单击 Drop 模型将其放入场景中。

5. 选择 Dolly（推拉）工具（键盘快捷键 :3），在画布上将 Drop 模型向下拖动以为其上面留出更多的空间。

6. 选择"选择并旋转"工具（键盘快捷键 :R），如图 12.20 所示。

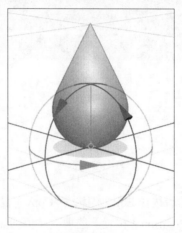

图12.20

7. 在"属性"面板中，在 Pivot（旋转点）选项中选择 Top Center，如图 12.21 所示。

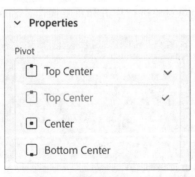

图12.21

8. 按住 Option+Shift（Mac）快捷键或 Alt+Shift（Windows）快捷键。

9. 顺时针拖动蓝色箭头（见图 12.22），直到"属性"面板中的 Rotation（旋转）选项下的 Z 的值显示为 −45°（按住 Option/Alt 键会复制旋转的对象，按住 Shift 键会将每次旋转的角度限制为 15°)。

10. 将步骤 8 和步骤 9 重复 6 次，每次旋转的角度都是 −45° ，如图 12.23 所示。

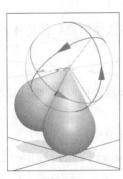

图12.22

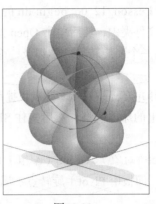

图12.23

课外作业 : 将新的模型旋转 90° 让其平躺，然后复制多个模型，对其进行堆叠和缩放，以创建图 12.24 所示的艺术品。

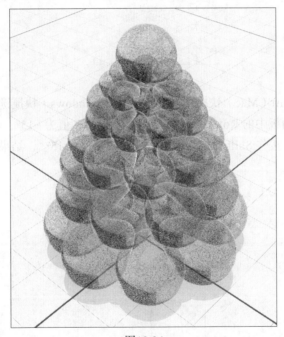

图12.24

12.3.2　逐步旋转并重复

Dimension 无法让模型围绕不在模型上的点进行旋转。当然，我们可以选择"属性"面板中的 Top Center、Center 或 Bottom Center 作为旋转点，但是这 3 个选项都是模型上的点。如果需要让对象绕着空间中的另一点旋转该如何做？本节介绍一个方法来完成这项工作。

1. 选择 File（文件）>Open（打开）。

2. 选择名为 Lesson_12_06_begin.dn 的文件，该文件位于用户复制到硬盘上的 Lessons> Lesson12 文件夹中，然后单击 Open 按钮。

这个场景包括一个要旋转的球体以及一个圆锥体，圆锥体的顶点就是球体旋转时所围绕的旋转点。

3. 选择"选择并旋转"工具（键盘快捷键 :R）。

4. 单击画布上的球体模型，然后按住 Shift 键并单击圆锥模型，这可以同时选中球体模型和圆锥模型。

5. 选择 Object（对象）>Group（编组）来将两个对象分组。

6. 在"属性"面板中 Pivot（旋转点）属性下选择 Bottom Center，如图 12.25 所示。

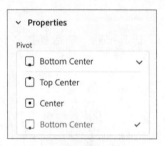

图12.25

7. 按住 Option+Shift（Mac）快捷键或 Alt+Shift（Windows）快捷键，顺时针拖动蓝色箭头，直到"属性"面板中的 Rotation（旋转）选项下的 Z 值为 −15°（按住 Option/Alt 键会复制旋转的对象，按住 Shift 键会限制每次旋转的角度为 15°，结果如图 12.26 所示）。

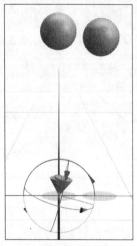

图12.26

8. 多次（至少 4 次）重复步骤 7，如图 12.27 所示。

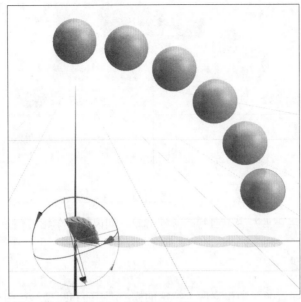

图12.27

9. 若要向另一方向选择，请重新选择原始球体和圆锥体组。

10. 按住 Option+Shift（Mac）快捷键或 Alt+Shift（Windows）快捷键，逆时针拖动蓝色箭头，直到"属性"面板中的 Rotation（旋转）选项下的 Z 值为 15°。

11. 多次（至少 4 次）重复步骤 10，如图 12.28 所示。

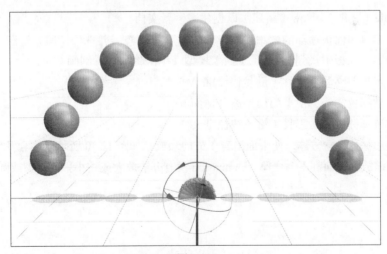

图12.28

12. 选择 Edit（编辑）>Select All（选择所有）来选择所有的组。

13. 选择 Object（对象）>Ungroup（取消编组），将所有组一次性解组。

14. 拖动在旋转点相互重叠的圆锥体以选择它们，然后单击"操作"面板中的垃圾桶图标以删除它们，如图 12.29 所示。

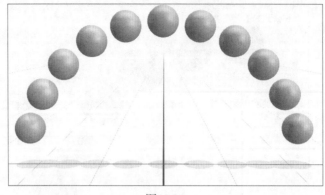

图12.29

这种技术适用于创建现实生活中遇到的各种对象,如齿轮、车轮、辐条、时钟面等。

12.4　使用平面模型

Dimension 的"原始资源"中包含两个特殊的模型 : 平面和圆盘。这两个模型与其他模型有两点不同。首先,这两个模型没有厚度,因此缩放模型以增加厚度没有效果。其次,这两个模型有好的一面和坏的一面。坏的一面是黑暗的,它反射的光与好的一面反射的完全不同,这取决于所使用的材料。

只有需要从一侧查看模型时才使用平面模型和圆盘模型。即使这样,也需要注意模型的哪一面面对着镜头。

1.　选择 File(文件)>New(新建)以创建一个新文档。
2.　单击"工具"面板顶部的"添加和导入内容"图标 ⊕,并选择"原始资源"。
3.　在"内容"面板中找到 Plane(平面)模型,单击将其放置到画布上。
4.　选择"选择并移动"工具(键盘快捷键 :V)。
5.　向上拖动绿色箭头,使平面模型离开地面。
6.　选择"选择并缩放"工具(键盘快捷键 :S)。
7.　向上拖动绿色小立方体,使平面沿着 Y 方向缩放,如图 12.30 所示。你会发现无论在 Y 方向上如何缩放,平面都不会变厚。Dimension 没有办法放大或缩小平面模型或圆盘模型的厚度。

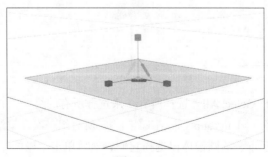

图12.30

8. 在"原始资源"中找到并单击 Metal 材料,以将金属材料应用到平面模型上。

9. 在"属性"面板中,单击 Basic Color(基本色)旁边的颜色样本,选择鲜红色,然后按 Esc 键关闭拾色器。

10. 选择"选择并旋转"工具(键盘快捷键:R)。

11. 顺时针拖动旋转小部件上的蓝色箭头,使平面绕 Z 轴旋转。请注意,平面的一侧是红金属色,另一侧仍然是黑色,如图 12.31 所示。

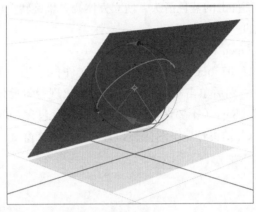

图12.31

12. 在"原始资源"中找到并单击 Plastic 材料,以将塑料材料应用到平面模型中。

13. 在"属性"面板中,单击"基本色"旁边的颜色样本,选择鲜红色,然后按 Esc 键关闭拾色器。

14. 选择"选择并旋转"工具(键盘快捷键:R)。

15. 顺时针拖动旋转小部件上的蓝色箭头,使平面绕 Z 轴旋转。使用塑料材料后,可以看到平面的两面都是红色的,但其中一面仍然比另一面暗很多。

平面模型的替代品

我们可以将圆柱体模型和立方体模型缩小成一个非常薄的圆柱体或非常薄的立方体(在高度上收缩)来替代圆盘模型和平面模型。它们看起来就是圆盘模型和平面模型,但其行为方式更加好操控。

1. 单击"操作"面板中的 Trash(垃圾桶)图标 🗑 以将平面模型从场景中删除。

2. 在"内容"面板中,单击 Cube 模型将其添加到场景中。

3. 在"属性"面板中,将 Scale(缩放)的 Y 值改为 0,如图 12.32 所示。

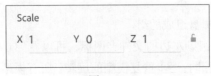

图12.32

4. 选择"选择并移动"工具（键盘快捷键 :V）。

5. 向上拖动绿色箭头，使模型离开地面。

6. 在"原始资源"中找到并单击 Metal 材料以将金属材料应用到立方体模型中。

7. 在"属性"面板中，单击"基本色"旁边的颜色样本，选择鲜红色，然后按 Esc 键关闭拾色器。

8. 选择"选择并旋转"工具（键盘快捷键 :R）。

9. 顺时针拖动旋转小部件上的蓝色箭头，使立方体绕 Z 轴旋转。注意，这个模型的两面反射光线的方式是相同的。

10. 选择 File（文件）>Open（打开）。

11. 选择名为 Lesson_12_07_begin.dn 的文件，该文件位于用户复制到硬盘上的 Lessons> Lesson12 文件夹中，然后单击 Open 按钮。（如果出现警告说打开另一个文档将关闭当前文档时，单击 Don 't Save（不要保存），除非需要保存包含 Cube 模型的文件。）

12. 单击 Render Preview（渲染预览）图标 以显示渲染预览窗口，如图 12.33 所示。

图12.33

这个场景由两个模型组组成。我们在"场景"面板可以看到一个圆柱体组和一个圆盘组。

13. 单击 Cylinder group（圆柱体组）左边的文件夹图标，可以看到这是由 6 个圆柱体组成的组。位于场景中的左边。

场景右边的物体是由 6 个圆盘组成的组。

14. 单击 Disc group（圆盘组）左边的文件夹图标，可以看到 6 个圆盘模型，如图 12.34 所示。

这两个模型组的构建方式相同:逐步重复模型的旋转。所有模型均采用了 Damaged Silver 材料。

我们可以在画布上和渲染预览中看到，圆柱体模型反射的光线与圆盘模型反射的截然不同。

图12.34

15. 选择"选择并旋转"工具（键盘快捷键 :R）。

16. 单击圆盘模型（右侧的模型）进行选择。

17. 拖动旋转小部件上的绿色箭头可旋转圆盘模型。此时，我们可以看到光线以奇怪的、看起来不可预测的方式进行反射。

这是因为我们看到的是圆盘的黑暗面，有时也可以看到光明的一面，这取决于模型是如何旋转的。图 12.35 所示的是场景的最终高质量渲染的结果，所以可以明显看到区别。

图12.35

12.5　使用模型的一部分

如果需要用一个特定的模型或特定的 3D 形状来构建场景，但是却找不到合适的模型，这该怎么办？我们可以通过从较大的模型组中提取模型来确定所需形状。

12.5.1　分解多个对象

有时我们会发现一个完美的模型，但它由多个对象组成，而我们只需要其中的一个对象。在这种情况下该怎么做？具体做法取决于模型是如何构建的。

1. 选择 File（文件）>New（新建）以创建一个新文档。
2. 单击"工具"面板顶部的"添加和导入内容"图标 ⊕，并选择 CC Libraries。
3. 在 Creative Cloud Libraries 面板中，单击搜索框右侧的下拉列表，选择 Adobe Stock，如图 12.36 所示。

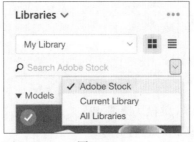

图12.36

4. 在搜索框中输入 218401592。屏幕上将显示两个纽扣的模型。
5. 单击购物车图标 🛒 以将模型保存到库中。可能会出现提示，询问用户是否想要授权该免费模型。如果是，单击 OK 按钮。

下载模型可能需要一些时间。

6. 下载完成后，单击模型以将其添加到场景中。此时，模型位于场景的中心，与地面贴合。
7. 选择 Camera（相机）>Frame Selection（选择帧）以显示纽扣的大视图，如图 12.37 所示。

图12.37

在"场景"面板中，我们可以看到一个名为 shirt_buttons_1309 的模型组，其中包含两个模型 :button_01 和 button_02，如图 12.38 所示。

8. 向上拖动 shirt_buttons_1309 组中的 button_01 模型，将其从 shirt_buttons_1309 组中删除，如图 12.39 所示。

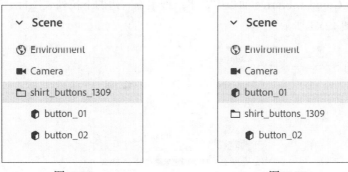

图12.38　　　　　　　　　　图12.39

9. 单击"场景"面板中的 shirt_buttons_1309 组，然后单击"操作"面板中的"垃圾桶"图标🗑以删除该组。现在我们可以在场景中使用单个纽扣模型了。

在本例中，我们可以删除不需要的纽扣模型，这是因为模型组由两个单独的模型组成。但情况并不总是这样，能否删除需要根据模型的组合方式来确定。

10. 在"内容"面板的搜索框中输入 218401720。屏幕上会显示包含 5 个图钉的模型。

11. 单击购物车图标▓以将模型保存到库中。可能会出现提示，询问用户是否想要授权该免费模型。如果是，单击 OK 按钮。

下载模型可能需要一些时间。

12. 下载完成后，单击模型将其添加到场景中。

13. 选择 Camera（相机）>Frame Selection（选择帧），这样就可以看到画布上的图钉了。

14. 观察"场景"面板。单击 flat_thumbtacks_1298 模型组旁边的文件夹图标。在本例中，这个模型由两个模型组成 : flat_thumbtacks_1298_plastic 和 flat_thumbtacks_1298_metal，如图 12.40 所示。但是，建模人员将所有塑料部件和所有金属部件组合在一起。在这种情况下，我们没有办法在 Dimension 上拆分组并提取单个图钉了。

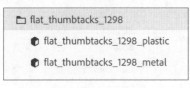

图12.40

12.5.2　提取较大模型的一部分

有时候，我们可能会从另一个模型中找到自己需要的部分。

如果需要将几个对象都添加到正在创建的场景中。假设我们浏览了 Adobe Stock 上可用的模型，看到了土星模型，然后意识到组成土星环的形状可能是我们想要的。

1. 选择 File（文件）>New（新建）以创建一个新文档。
2. 单击"工具"面板顶部的"添加和导入内容"图标 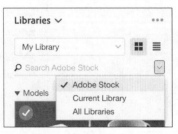，并选择 CC Libraries。
3. 在 Creative Cloud Libraries 面板中，单击搜索框右边的下拉列表图标，在其中选择 Adobe Stock，如图 12.41 所示。

图12.41

4. 在搜索框中输入 222488976。屏幕上将显示一个土星模型。
5. 单击购物车图标 以将模型保存到库中。可能会出现提示，询问用户是否想要授权该免费模型。如果是，单击 OK 按钮。
6. 下载模型可能需要一些时间。下载完成后，单击模型将其添加到场景中。
7. 在"场景"面板中，我们可以看到光环是一个独立于球体的模型，如图 12.42 所示。

图12.42

8. 将 saturn_rings_GEO 模型拖到 Saturn（土星）模型组的上方，这意味着将其从土星模型组中移除，如图 12.43 所示。

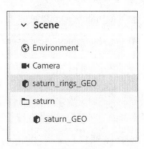

图12.43

9. 选择土星模型组，然后单击"操作"面板中的"垃圾桶"图标 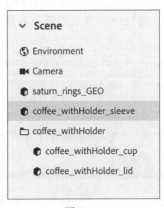 以删除模型组，只留下光环。你也可以改变土星环的材料，并根据不同的场景进行必要的变换。来看另一个例子。

10. 在"内容"面板中的搜索框中输入 134634095。屏幕上会显示一个纸咖啡杯模型。

11. 单击购物车图标 将模型保存到库中。可能会出现提示，询问用户是否想要授权该免费模型。如果是，单击 OK 按钮。

12. 下载模型可能需要一些时间。下载完成后，单击模型将其添加到场景中。

13. 在"场景"面板中，我们可以看到在这个模型中，杯子、盖子和杯套模型是分别建模的。杯套是一个简单的锥形圆柱体，可以在场景中重复使用。将 coffee_withHolder_sleeve 模型拖动到 coffee_withHolder 模型组上方，这意味着将其从 coffee_withHolder 模型组中移除，如图 12.44 所示。

图12.44

14. 在"场景"面板中选择 coffee_withHolder 模型组，然后单击"操作"面板中的"垃圾桶"图标 以删除模型组。

现在只剩下两个简单的形状，它们可以与其他形状组合在一起构建新的模型，如图 12.45 所示。

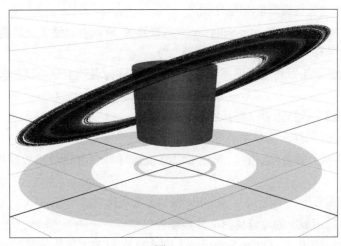

图12.45

12.6 使用其他模型的材料

如果找不到适合模型的材料怎么办？在 Adobe Stock 或其他来源上浏览模型时，请注意应用于模型的不寻常的或有用的材料。在许多情况下，根据模型的组装方式，也许材料也能用于其他模型。

1. 选择 File（文件）>Open（打开）。

2. 选择名为 Lesson_12_08_begin.dn 的文件，该文件位于用户复制到硬盘上的 Lessons> Lesson12 文件夹中，然后单击 Open 按钮。

现在我们想要一个褶皱的金箔材料，它有点类似于冷冻干燥食品的包装袋材料。假设曾经在宇宙飞船模型上用到过这样的箔纸，那么就可以在 Adobe Stock 中搜索来寻找一个包含金箔的卫星模型。接下来看看如何将金箔材料应用到这个文件中的包装袋模型上。

3. 单击"工具"面板顶部的"添加和导入内容"图标➕，选择 CC Libraries。

4. 在 Creative Cloud Libraries 面板中，单击搜索框右侧的下拉列表图标，然后选择 Adobe Stock，如图 12.46 所示。

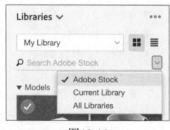

图12.46

5. 在搜索框中输入 222486354。屏幕上显示一个卫星模型。

6. 单击购物车图标将模型保存到库中。可能会出现提示，询问用户是否想要授权该免费模型。如果是，单击 OK 按钮。

7. 下载模型可能需要一些时间。下载完成后，单击模型将其添加到场景中。

卫星模型远大于包装袋模型也没有关系。

8. 选择 Camera（相机）>Frame Selection（选择帧），可以看到整个卫星模型。

9. 选择"选择并移动"工具（键盘快捷键 :V）。

10. 向右拖动蓝色箭头以将卫星模型移开，现在可以同时看到卫星模型和包装袋模型了，如图 12.47 所示。

11. 拖动包装袋模型选择边界以选择所有 5 个模型。

12. 选择 Sampler（采样）工具（键盘快捷键 :I）。

13. 单击卫星模型上的金箔材料。现在可以将金箔材料应用到包装袋模型上了，如图 12.48 所示。

14. 在"场景"面板中，单击 near_satellite 模型组来选择它。

15. 单击"操作"面板中的垃圾桶图标🗑删除模型组。

16. 选择 Camera（相机）>Frame Selection（选择帧），以放大包装袋模型。

图12.47

图12.48

定制每个模型的材料

现在场景看起来不太真实，因为材料是用完全相同的方式应用到每个模型上的。我们来解决这个问题。

1. 选择"选择并移动"工具（键盘快捷键：V）。

2. 双击左边第二个袋子以显示它的材料。

我们可以在"操作"面板中看到 Break Link to Material（断开材料链接）图标，这表示该材料可以链接到一个或多个模型。

3. 单击图标以断开材料链接。

4. 在"属性"面板中，调整 Offset（偏移）选项下的 X、Y 和旋转的值（见图 12.49），将材料应用到不同于之前的包装袋模型上。

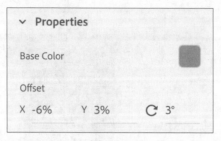

图12.49

5. 对剩余的每个包装袋模型都重复步骤 2 ~ 步骤 4。你也可以尝试调整每个包装袋模型的材料颜色，如图 12.50 所示。

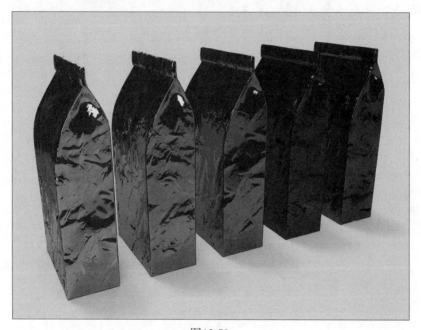

图12.50

12.7　复习题

1. 使用 Edit（编辑）>Duplicate（复制）命令时，复制的模型会出现在画布上的什么位置？

2. 在 Dimension 中实现精确的步进和重复效果的方法是什么？

3. "原始资源"中平面模型和圆盘模型独有的两个属性是什么？

4. 在场景中放置好模型后，如何确定是否可以从模型中提取单独的部件进行使用？

12.8　复习题答案

1. Edit（编辑）>Duplicate（复制）命令可以复制所选模型，并将它们放置在与原始模型相同的 X、Y 和 Z 坐标上。

2. 复制模型，将副本拖到新的位置，然后记住副本的坐标位置，这样就可以以相同的步进来复制模型了。然后，再次复制对象并对坐标的值进行简单的数学运算（如加法或乘法），从而以相同的步进将第二个副本移动到另一个位置。

3. 平面模型和圆盘模型没有厚度，且厚度无法缩放。此外，这些模型有黑暗的一面，会以不可预测的方式来反射光线。

4. 提取和使用部分模型的能力取决于建模人员如何组装模型。如果模型组是由单个模型和子模型组成的，那么可以将需要的模型从组中删除，以便单独使用。如果整个模型是一个单独的实体，那么就没有办法在 Dimension 中将其分解。

第13课　用Adobe Photoshop CC 进行后处理

课程概述

在本课中，用户会了解如何在 Adobe Photoshop CC 中打开一个由 Dimension 渲染的场景以及为什么这样做，并学习以下内容。

- Dimension 的渲染器会自动创建哪些 Photoshop 图层，用户可以用它们来做什么。
- 如何在 Photoshop 中快速更改背景图像。
- 如何使用自动保存到渲染图像中的蒙版来使选择更容易。
- 如何在 Photoshop 中对渲染的场景进行简单的颜色校正操作。

学习本课内容大约需要 45 分钟。启动 Adobe Dimension 之前，请先在异步社区将本书的课程资源下载到本地硬盘中，并进行解压。在学习本课时，请打开相应的课程文件。建议先做好原始课程文件的备份工作，以免后期用到这些原始文件时，还需重新下载。

当渲染后的场景为 PSD 格式时，Dimension 会向文件
中添加几个有用的图层，以简化某些后处理任务。

13.1 在 Photoshop 中打开渲染为 PSD 文件的场景

Dimension 是一个非常容易更改光照、颜色、背景和 Dimension 场景组成部分的软件。但有时用户需要在 Photoshop 中编辑渲染后的场景。例如，快速调整场景的整体颜色，而不重新渲染整个场景；或是需要在 Photoshop 中将渲染后的场景转换为 CMYK 的图像后再对其进行处理；或是以某种只能在 Photoshop 中完成的方式来处理图像。

正如前面的课程所提到的，Dimension 可以将渲染后的场景保存为 PNG 文件或 PSD 文件。两者的主要区别在于，PNG 文件是简单的图片文件，没有保存图层、蒙版或其他有用的附加功能；如果渲染后的场景被保存为 PSD 文件，Dimension 会在文件中保留这些附加的功能，使场景更容易被编辑或进行后期处理。

1. 启动 Adobe Photoshop。
2. 选择 File（文件）>Open（打开）。
3. 选择名为 Lesson_13_begin_high_quality_render.psd 的文件，该文件位于用户复制到硬盘上的 Lesson\Lesson13 课程文件夹中，然后单击 Open 按钮。
4. 如果 Layers（图层）面板在屏幕上不可见，请选择 Window（窗口）>Layers（图层）。

可以看到，"图层"面板中包含了 6 个图层，如图 13.1 所示。我们来一起看看这些图层的作用。

图13.1

13.2 编辑背景

因为模型的渲染过程发生在与背景分离的透明图层上，所以对模型后面的背景进行更改是一件很容易的事。

13.2.1　改变背景颜色

改变背景颜色的过程比较简单。接下来介绍 Photoshop 所提供的一种方法。

1. 单击 Background Image 图层旁边的眼睛图标隐藏背景图片。

2. 双击 Background Color 图层上的缩略图图标以进入颜色选择器，如图 13.2 所示。

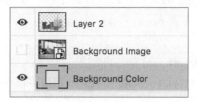

图13.2

3. 为背景选择一个新的颜色，然后单击 OK 按钮，如图 13.3 所示。

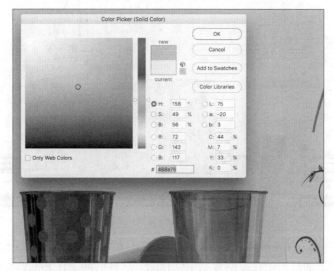

图13.3

　　因为模型投射在背景上的阴影是半透明的，所以它们与新的彩色背景能够非常和谐地融合在一起。如果这张图片中有反射在地面上的阴影，那么这些阴影也可以保留下来，并与新的背景颜色融合在一起。

　　通过玻璃，水杯仍然显示了背景图像。半透明材料是与材料中的背景图像一起进行渲染的，这会使得在 Photoshop 中编辑这样的场景比较困难。

13.2.2　更改背景图像

　　由于背景图像是在自身的 Photoshop 图层上渲染的，所以可以很容易地用不同的图像进行替换。注意，除非新背景图像的视角和光线与原始背景图像的相似，否则场景看起来不会非常逼真。

1. 单击 Background Color 图层左侧的眼睛图标以隐藏该图层。

注意，所有的模型都被渲染到了一个名为 layer 2 的图层上。该图层中模型周围的区域是一个浅灰色的棋盘图案，这表示该区域是透明的。因此可以在 layer 2 图层下面建立一个新的图层，然后用一个新的背景图片来替换原始背景。

2. 选择 File（文件）>Place Embedded（置入）。

3. 选择名为 Checkerboard.jpg 的文件，该文件位于用户复制到硬盘上的 Lessons>Lesson13 文件夹中，然后单击 Place（置入）。

4. 双击图片进行放置。

该图像放置在一个名为 Checkerboard 的新图层上。

5. 拖动"图层"面板中名为 Background Image 的图层下面的新图层，如图 13.4 所示。

图13.4

场景看起来很不错，因为新背景的视角与旧背景的相似。但是，透过玻璃观看时，原始图像仍然会出现，而模型上的反射是在原始背景中创建的。这样的问题在 Photoshop 中很难修复。

13.2.3　修改背景图像

可以看到，半透明的对象和对象表面的反射会让背景图像的替换出现问题。但是，如果对背景图像进行简单的编辑，如色彩校正、锐化和模糊，一般都不会破坏场景的真实感。

1. 单击"图层"面板中 Background Image 图层旁边的眼睛图标来显示原始背景。

2. 单击"图层"面板中的 Background Image 图层以选择该图层。

3. 选择 Layer（图层）>New Adjustment Layer（新调整图层）>Brightness/Contrast（亮度 / 对比度）。

4. 在 New Layer（新图层）对话框中单击 OK 按钮。Background Image 图层图层上会出现一个新的亮度 / 对比度调整图层（Brightness/Contrast 1），如图 13.5 所示。

5. 在"属性"面板中，将 Contrast（对比度）滑块一直拖到最右侧，以增加对比度，如图

13.6 所示。这样只是增加了 Background Image 图层的对比度，不会影响到上面的图层。

图13.5

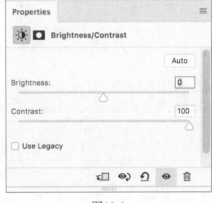

图13.6

13.3 使用蒙版进行选择

当把图像保存为 PSD 格式文件时，Dimension 总是会创建一个名为 Object Selection Masks 的图层。在这个图层中，场景中的每个 3D 模型都在黑色的背景上用单色填充。在渲染时，这个图层对于选择模型的轮廓很有用。

接下来使用这个图层来改变场景左侧斑点玻璃的颜色。

1. 在"图层"面板中，单击 Additional Layers 图层旁边的眼睛图标，以显示图层组。

2. 单击 Material Selection Masks 图层旁边的眼睛图标以隐藏图层。

3. 选择 Object Selection Masks 图层，如图 13.7 所示。

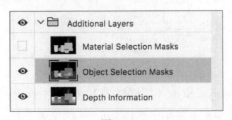

图13.7

4. 选择 Magic Wand（魔棒）工具（在工具面板中的 Quick Selection（快速选择）工具下面），
如图 13.8 所示。

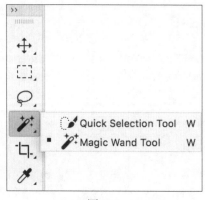

图13.8

5. 在选项栏中，确保 Tolerance（容差）为 0，选中 Anti-alias（消除锯齿）和 Contiguous（连
续），取消选择 Sample All Layers（对所有图层取样），如图 13.9 所示。

图13.9

6. 在 Object Selection Masks 图层中，单击绿色，绿色代表最左边的玻璃。

7. 在"图层"面板中，单击 Additional Layers 图层旁边的眼睛图标来隐藏图层组。

8. 在"图层"面板中单击 Layer 2。现在，根据我们在 Object Selection Masks 图层中所做的
选择，精确地选择了这一图层中的杯子。

9. 选择 Layer（图层）>New（新建）>Layer Via Copy（通过复制新建图层）。

10. 双击图层名称，将其更名为 Dotted cup，如图 13.10 所示。

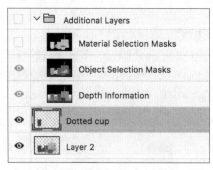

图13.10

11. 选择 Layer（图层）>Layer Style（图层样式）>Color Overlay（覆盖颜色）。

12. 从 Blend Mode（混合模式）菜单中选择 Color（颜色）。

13. 单击拾色器，选择蓝色作为杯子的颜色，然后单击 OK 按钮，如图 13.11 所示。

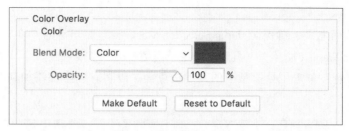

图13.11

14. 再次单击 OK 按钮以关闭 Layer Style（图层样式）对话框，如图 13.12 所示。

图13.12

13.4 调整材料

Dimension 在每个渲染完的 PSD 文件中会自动创建一个名为 Material Selection Masks 的图层。该图层包含单独的纯色块。纯色块代表应用于模型表面的每一种材料。我们可以使用这一图层来更改用于星星模型的一种材料的外观。

1. 单击 Additional Layers 图层组旁边的眼睛图标以显示该图层组。

2. 通过眼睛图标显示或隐藏图层，将 Object Selection Masks 图层上代表星星的填充区域与 Material Selection Masks 图层上代表星星的填充区域进行对比。

可以看到 Object Selection Masks 图层上整个星星的颜色单一。但是由于我们将两种不同的材料应用于星星模型的不同部位上，所以 Material Selection Masks 图层会用两种不同的颜色来表示这两种材料。

3. 在"图层"面板中，确保 Material Selection Masks 图层是可见的，单击图层以选中它。

4. 使用 Magic Wand（魔棒）工具来单击星星模型上的一个浅色面。

5. 按住 Shift 键，单击星星模型上的其他浅色面，以将它们全部添加到选项中，如图 13.13 所示。

图13.13

6. 单击 Additional Layers 图层组旁边的眼睛图标来隐藏该组。

7. 单击"图层"面板中的 Layers 2 来选择它，如图 13.14 所示。

图13.14

8. 选择 Filter（过滤）>Pixelate（像素化）>Pointillize（点状化）。

9. 将 Cell Size（单元格大小）设置为 3，然后单击 OK 按钮，结果如图 13.15 所示。

图13.15

> **Id** 提示：将 Depth Information 图层作为蒙版，可以向场景添加景深效果或梦幻的灯光。在 Depth Information 图层中，浅色区域离相机较远，深色区域离相机较近。

13.5 校正图像中的颜色

Photoshop 提供了很多方法来让整个场景（包括背景）的整体颜色变得更暖一点。本节介绍一种方法，它可以在更改颜色时无须将包含模型的图层和背景的图层拼合在一起。

1. 在"图层"面板中单击 Layer 2 图层，然后按住 shift 键单击 Background Image 图层。

2. 选择 Layer（图层）> New（新建）> Group from Layers（对图层分组）。

3. 单击 OK 按钮。

4. 选择 Filter（过滤）>Convert for Smart Filters（转换为智能滤镜）。

5. 选择 Filter（过滤）>Camera Raw Filter（Camera Raw 滤镜）。

6. 向右拖动 Temperature（温度）滑块，增加图像的暖色调，如图 13.16 所示。

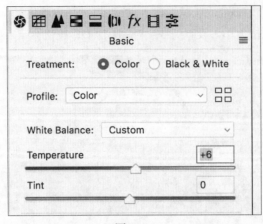

图13.16

7. 单击 OK 按钮。

当然，我们可以在 Photoshop 中对 2D 场景做很多处理，不过会受限于我们的想象力、技巧以及对 Photoshop 的掌握。

13.6　复习题

1. 将 Dimension 中的文件渲染后保存为 PSD 格式而不是 PNG 格式的优点是什么?

2. 哪种材料会让我们在 Photoshop 中编辑背景图片变得更加困难?

3. 哪一个图层包含用于模型表面的每种材料的彩色蒙版?

13.7　复习题答案

1. PSD 格式会包含额外的图层,让图像编辑变得更容易。渲染为 PNG 格式的场景只是单纯的平面图像。

2. 在 Photoshop 中,半透明的图像(如玻璃)一旦被渲染,会加大修改背景图片的难度。

3. Material Selection Masks 图层包含彩色蒙版。该蒙版可用于模型的每个部分,每个部分都应用不同的材料。